자녀의
인생 태도를
결정하는

아빠의
말공부

일러두기
이 책 본문에 등장하는 이름은 모두 가명으로 표기하였습니다.

자녀의
인생 태도를
결정하는

아빠의
말공부

천경호 지음

푸른칠판

매번 아빠한테 들었던 것이지만 책으로 읽으니 조금 새롭게 느껴졌다. 아빠와 나눈 대화 속에 어떠한 이유가 있는지, 아빠가 나와 마음을 나누기 위해 어떻게 했는지 알게 되어 조금은 놀랐고 흥미로웠다. 아이들과 더 깊어지고 싶어 하는 아빠들에게 이 책이 좋지 않을까 싶다.

– 천희재(아들)

몇 년 전, 이 책을 쓰신 분과 옆 반에서 함께 일하는 동료 교사로 만났다. 새 직장에 적응하느라, 또 워킹맘으로 아이를 돌보느라 정신없이 보내던 때였다. 같은 학교에서 아이들을 가르치며 자연스럽게 선생님이 아이들을 대하는 모습을 보게 되었다. 처음엔 잘 몰랐는데 시간이 지날수록 조금 다른 면이 보였다.

선생님은 아이들의 말에 귀를 기울이셨다. 아이들과 스스럼없이 지내시는 듯하면서도 존중하는 모습이었다. 변화무쌍한 아이들이 모여 생활하는 학교에서는 매일 크고 작은 일이 일어난다. 자칫하면 아이들의 행동만 보고 판단하기 쉬운데, 언제나 아이들 말과 행동의 이유를 들여다보며 공부하는 선생님의 모습이 인상적이었다. 한참을 지난 후에 선생님의 태도를 보며 깨닫게 된 것은 아이들의 마음을 움직이게 하는 질문들이었다.

교사나 부모를 포함하여 어른들은 아이들을 향해 수많은

지시어를 전한다. '해야 한다', '하지 말아라', '그냥 그렇게 해', '이렇게 해야 다 나중에 네게 도움이 된다' 같은 말들이다. 수많은 지시어 사이에서 간과하기 쉬운 것은 아이들의 마음이다. 지시어로는 아이들이 생각할 겨를이 없다. 말을 잘 듣고 따르는 아이들이나 듣지 않은 아이들이나 그 말에 대해 생각할 시간이 주어지지 않는다.

질문은 자신을 스스로 돌아보게 하는 중요한 열쇠가 된다. 어른의 말대로 따르는 수동적인 태도가 아니라, 아이들이 자신의 삶을 만들어 가고 생각해 볼 수 있는 기회를 주는 것이다. 질문으로 학생들을 대하니 시간이 지날수록 학생들 마음이 서서히 움직이는 것을 보았다. 그러면서 또다시 궁금해졌다. 선생님이 아닌 아빠로서 아이들에게 어떻게 다가가실까?

이 질문에 선생님은 "저는 똑같이 합니다."라고 대답하셨는데, 그때는 그 답에 반신반의했던 기억이 난다. 한참 시간이 지난 후에야 선생님께서 말씀하신 같은 마음이란 바로 '모든 아이가 안심하고 살 수 있는 세상을 꿈꾼다.'라는 말임을 알게 되었다.

학교에서 학부모 상담이나 공개수업을 해 보면 전보다 아빠들의 참여가 늘어나는 것이 눈에 띈다. 아이의 학교생활에 관심을 기울이고, 평소에도 양육을 함께하는 아빠들이 많아지고 있다. 그러나 엄마들이 양육의 고민과 의견을 활발하게 나누는 것에 비해 아빠들은 고민을 나누고 생각을 꺼낼 자리가 그리 많지 않다. 어떤 상황에서 아이와 어떤 대화를 나누어야 할지 모르겠다고 어려워하는 아빠들이 있었다. 아이들이 점점 자랄수록 아빠의 말 한두 마디 때문에 자녀와의 대화가 끊겼다는 경험을 종종 듣기도 했다.

이 책은 바로 이런 아빠들을 위한 안내서다. 아이를 키우면서 누구나 한 번쯤 있을 법한 상황이 대화로 펼쳐진다. 그리고 대화가 어떤 방향이어야 하는지 친절하게 보여 준다. 어떤 이들은 이 책을 읽고 '아빠의 말공부'라는 모임을 만들어 자녀 교육의 어려움을 나눌 수도 있겠다. 그 무엇이든 아빠들의 고민과 이야기가 아이들 마음에 좋은 자양분이 될 것이기 때문이다. 아빠들의 말공부는 나아가 부모, 어른들의 말공부로 이어질 것이기 때문이다.

다음과 같은 상황, 친구들과 놀러 나간 아이가 기분이 상해 돌아왔다. 아빠라면, 부모라면 아이와 어떤 대화를 나누어야 할까.

"친구들이 말도 없이 다 가 버렸어…. 흑…."

그런 친구들과 다시는 놀지 말라고 해야 할까? 우리 아이가 따돌림을 당할까 걱정해야 할까? 궁금한 분은 이 책을 읽어 보길 바란다. 비슷한 상황이 생겼을 때, 처음 꺼내는 말 한마디는 뒤에 이어질 대화의 흐름을 결정한다. 아이의 마음을 열 수도 있고, 닫게 할 수도 있다.

어른이 아이에게 하는 말 한마디의 무게는 생각보다 크다. 말공부가 필요한 이유다. '네가 계속 배우는 사람이 되길 바라.

그게 너를 행복하게 만들 테니까.'라는 저자의 말은 우리 모두
의 행복을 위한 말이기도 하다.

– 신상미(초등학교 교사)

책을 좋아해서 도서관을 뻔질나게 드나들던 껑다리 후배가 결
혼을 하고 아빠가 되는 모습을 곁에서 지켜봤다. 좋은 선생님
이 되기 위해 끈질기게 공부하더니 이제는 그 공부가 쌓여 좋
은 아빠가 되어 가고 있다. 아이들이 안심할 수 있는 좋은 세
상을 만드는 게 꿈이라던 다부진 목표는 그 좋은 세상을 아이
들에게 물려주고 싶어 하는 아빠로 성장시키고 있다.

엄마가 처음이듯 아빠도 처음이기에 때론 실수하고 사과하
는 친구 같은 아빠의 솔직한 고백담은 세상의 모든 엄마와 아
빠가 공감하는 솔직한 고백이다. 긍정심리학으로 다져진 내면
의 단단함은 그 스치는 고백 속에 성장을 위한 에너지를 응축

시킨다. 그 좋은 에너지가 전해져 나도 좀 더 좋은 어른, 좀 더 나은 엄마가 되어야겠다는 다짐을 하게 만든다.

넘쳐나는 자녀 교육서 중 아빠를 위한 맞춤형 자녀 교육 지침서는 참 드물다. 아빠가 함께하는 공동 육아를 부르짖지만, 정작 뭘 어떻게 해야 하는지 구체적인 안내를 해 주는 민원 서비스는 쉽지 않다. 특히 초등교육 현장에서 아빠의 양육 참여가 얼마나 중요한지 절감하고 부모 교육을 실천해 온 저자의 경험이 배어 있는 '아빠 수업'은 꼭 챙겨야 할 좋은 아빠 되기 꿀팁 정보다.

– 이영란(오현초등학교 교사)

언젠가 "아이를 '위해'가 아니라 아이와 '함께'"라는 글귀를 본 적이 있다. 많은 부모가 내 아이를 잘 키우고자 하는 마음으로 많은 일을 한다. 아이를 위해 돈을 벌고, 아이를 위해 예쁜 옷을 사 주고, 아이를 위해 좋은 교육 환경을 만들어 주고,

아이를 위해 여행을 간다. 그러나 아이를 위해 한다는 일들 속에 정작 아이가 소외되는 풍경을 목격하곤 한다.

『아빠의 말공부』 속 아빠는 아이와 함께하는 아빠이다. 아이를 독립된 인격으로 대하며 존중하는 대화를 통해 아이의 감정에 공감하고, 고민을 함께 나누고, 아이의 행복한 삶과 한 뼘 더 성장해 나가는 모습을 진심으로 응원하고 격려한다.

『아빠의 말공부』 속 대화는 아이와 함께 나누는 대화의 표본이기도 하지만, 부모인 나를 떠나 한 인간으로서 나의 삶을 돌아보게 하는 대화이기도 하다. 저자가 아이에게 건네는 질문 하나하나를 나에게 다시 던져 보고 깊이 생각하다 보면 나 자신이 가치 있는 삶을 향해 한 발 더 다가가는 느낌이다.

이 책을 통해 삶에서 정말 중요한 것이 무엇인지에 대해 아이와 함께 고민하고 건강하게 상호작용하는 아빠, 그리고 엄마들이 많아지기를 기대한다.

– 최선주(초등학교 교사)

요즘 아빠들은 바쁘다. 아이가 태어나면 애플리케이션을 통해 수유, 수면, 기저귀, 체중 등을 관리하며 적극적으로 육아에 참여한다. 아이 어린이집이나 유치원을 선택할 때도 적극적인데, 입학설명회에 아빠들이 참석하는 모습도 이제는 낯선 광경이 아니다. 하지만 아이가 초등학교에 들어가고 사춘기에 접어들게 되면, 아빠는 그 역할의 정체성과 마주하게 된다. 『아빠의 말공부』라는 책은 이 시기에 우리 아빠들이 어떤 역할을 해야 하는지 엿볼 수 있는 소중한 기회를 준다.

아이는 부모의 거울과 같아서, 나의 아이는 어린 시절 내가 잘하지 못하거나 결핍으로 느꼈던 행동을 반복하기 마련이다. 이때 부모가 아이에게 마치 교관처럼, 본인도 평생 이겨 내지 못한 무언가를 강요하기 시작하면, 갈등의 씨앗은 자라나게 된다. 책에서는 말을 한다. "아빠도 못하는데 너한테 잘하라고 하는 것 같아서." 그렇다. 내가 못하는 일은 나의 아이에게도 힘든 일인 것이다. 가족은 그렇게 서로 교감하며, 부족한 부분을 받아들이고 보완해 나가는 존재이지, 누군가 누구에게 일 방적으로 정답지만 강요하는 관계는 아니다.

아빠가 쉽게 회사 임원이나 국회의원이 될 수 없듯이, 아이 도 쉽게 좋은 대학에 가거나 인기 많은 아이가 될 수는 없는 일이다. 다행인 것은 우리가 꼭 그런 대단한 존재가 되어야 인 생의 행복을 느끼는 것은 아니라는 점이다. 아빠와 자녀는 역 할을 다하며, 각자 어느 정도 수준의 자율성, 유능성, 관계성을 쌓아 가며 행복한 인생을 만들고, 나아가 행복한 가정을 구성 해 나가면 그만인 것이다. 여기서 타인의 노동이나 존재 가치 까지 이해해 나갈 수 있으면 사회적으로도 더 가치 있는 가정 이 될 것이다.

책을 읽으며 게임을 하고 있는 우리 집 아이들에게 물었다. 아빠가 너를 사랑하는 것을 느끼고 있느냐고. 돌아오는 대답 은 다행히도 "당연하지."였다. 책에서는 말을 한다. "아이가 정

말 원하는 것은 아빠가 벌어 오는 돈이나 충분한 놀이 시간이
아니라, 자신을 향한 따뜻한 사랑의 확인"이라고. 비록 전자의
두 가지를 충분히 못 해 주고 있는 아빠지만, 적어도 후자의
한 가지는 끝까지 잃지 않도록 노력해야겠다는 생각을 다시금
해 보게 된다. 이 책을 통해 나는 어떤 아빠인가, 앞으로 어떤
아빠로 살아가야 할 것인가에 대한 고민을 해 보게 되었다. 참
고마운 책이다.

– 양동신(『아파트가 어때서』 저자)

좋은 대화에 대한 이론서는 흔하다. 좋은 아빠도 어쩌면 흔한
시대가 되었다. 그러나 좋은 아빠의 좋은 대화가 솔직하게 담
긴 책은 드물다. 누구나 이론은 쉽게 말할 수 있고, 좋은 아빠
가 되는 것도 아주 어려운 일은 아닐지 모른다. 그러나 좋은
대화를 하며 살아 낸 삶을 솔직하게 담아내기는 쉽지 않다. 책

의 한 장 한 장을 넘기며, 하루하루를 돌아본다. 그러면 책을 읽기 전보다, 반드시 더 나은 하루를 만들 수 있을 거라는 확신이 든다. 좋은 아빠의 좋은 이야기가 삶에 녹아든 귀한 고전 동화 같은 책이다.

- 정지우(문화평론가, 『행복이 거기 있다, 한 점 의심도 없이』,
『고전에 기대는 시간』, 『인스타그램에는 절망이 없다』 저자)

교사로서
아빠 이야기를 쓴 이유

교사로서 참 많은 엄마들을 만나 왔다. 엄마들은 한결같이 교사가 아이들과 함께하기를, 아이들을 이해해 주기를, 아이들의 이야기에 귀 기울여 주기를, 언제나 아이들을 응원하고 지지해 주기를 바랐다. 가끔 아빠들을 만나기도 했다. 그들 역시 아이에 대한 애정이 엄마 못지않게 크지만 생업에 바빠 아이를 위해 많은 관심과 시간을 쏟지 못하는 것을 늘 안타까워했다. 또 자녀에게 어떻게 다가가야 할지 방법을 알지 못해 어렵다는 말도 했다.

엄마도 아빠도 부모가 처음이다. 그런데 현실적으로 아이들과 보다 많은 시간을 함께하는 엄마들은 자녀의 양육과 교육에 관심을 갖고 공부를 하려고 노력하지만, 아빠들은 따로 시간을 내어 공부하겠다는 마음을 갖기가 쉬워 보이지 않는다. 어디서 가르쳐 주지도 않는다. 그나마 요즘 아빠들은 아내와 아이들에게 좀 더 자상한 사람이 되려 하고, 자녀 교육 문제도 부부가 함께 나누려고 한다. 하지만 아이와 좋은 관계를 맺고 싶어 하는 아빠의 마음과 달리 자녀와의 관계는 쉽지가 않다.

그렇다면 좋은 아빠는 어떤 사람일까? 우스갯소리로 대치동 자녀 교육 성공 요인으로 '아빠의 무관심'이 꼽혔다는 이야기도 있지만, 요즘은 '친구 같은 아빠'를 뜻하는 '프렌디friendy'가 대세인 듯하다. 여성의 사회 참여가 늘고 맞벌이가정이 많아지면서 출산, 육아와 교육 등에서 아빠의 역할은 점점 더 커지고 있다. 최근에는 아내 대신 육아휴직을 신청하는 아빠들도 늘고 있는 추세다.

나는 오랫동안 학생들을 가르치며 그들을 이해하기 위해 공부하고, 배운 대로 실천하려고 노력해 왔다. 공부할수록 교사보다는 어른으로서 아이들을 어떻게 바라보아야 하는지, 어떻게 대해야 하는지 생각하게 되었다. 많은 고민과 생각의 과정을 통해, 일방적인 훈계나 체벌이 아닌 대화를 통해 아이들을 가르치는 것이 가능하다는 것을 깨닫게 되었다. 그렇게 수

많은 학생들을 만나고 대화하면서 학생들을 대하는 나의 태도와 관점도 조금씩 달라졌다. 메리 고든Mary Gordon의 말이 맞았다. 공감 능력이란 배우고 가르친다고 길러지는 것이 아니라, 학생들과 함께할 때 저절로 자라나는 것이었다. 그래서 언제나 나를 거쳐 간 수많은 학생들에게 고마운 마음을 갖게 된다.

학생들과 배우고 실천하는 과정에서 자연스럽게 아빠로서의 내 모습을 돌아볼 기회가 많았다. 내가 아빠로서의 역할이 처음이듯 아이들 또한 처음 만나는 어른인 아빠를 통해 세상을 보고 살아가는 법을 배우게 된다는 점을 깨닫고 나서야, 비로소 좋은 아빠는 어떤 사람일지 고민하기 시작했다.

부모는 자녀와 평생 함께할 수 없다. 아이들은 언젠가 자기 삶을 살아야 한다. 그렇다면 좋은 아빠란 아이가 부모의 품을 떠나서 마주하는 수많은 역경이나 시련에도 무너지지 않고 건강한 시민의 한 사람으로서 살아가도록 돕는 아빠가 아닐까? 아빠라면, 부모라면 아이가 훌륭한 인간으로서 홀로 설 수 있도록 도와주어야 하지 않을까?

이 책에서 나누는 모든 대화와 생각은 전부 이 질문을 가리키고 있다. 아이가 그 어떤 역경이나 시련에도 지지 않고 자신이 가진 가능성을 최대로 발휘하는 건강한 시민으로 자라도록 돕는 아빠가 되겠다는 다짐이다.

나는 아빠가 처음이다. 아니다. 매일이 처음이자 마지막이다. 아이들은 자라고, 그때마다 필요한 아빠의 모습은 계속 달라지니까. 커 가는 아이들에 따라 아빠의 역할도 계속 달라져야 하니까. 따라서 매 순간 아빠의 역할은 처음이자 마지막인 셈이다. 그래서 계속 배워야 하고, 배운 대로 실천해야 한다.

이 책을 읽는 모든 아빠들과 함께 이야기하는 마음으로 글을 썼다. 아빠이자, 남편이자, 아들로서 모두와 함께 행복해지기 위해 어떤 노력을, 왜 해야 하는지 같이 고민하고 함께 이야기 나누는 책이 되었으면 좋겠다.

목차

2장　독립적으로 행동하도록 이끄는 아빠의 말

4장 소통의 기술을 키우는 아빠의 말

1장

완벽한 아빠가 아닌
함께 성장하는
아빠의 말

66 아빠는 어떤 아빠가
되고 싶어? 99

- 재아야, 너는 커서 어떤 사람이 되고 싶어?

- 몰라. 아빠는 어떤 아빠가 되고 싶어?

- 글쎄, 좋은 아빠?

- 좋은 아빠가 뭔데?

- 음… 공부하는 아빠?

- 맨날 공부만 하는 아빠?

- 아니, 그런 건 아니고.

- 그럼?

- 네가 올해 몇 학년이지?

- 아빠 몰라? 5학년이잖아.

- 작년에 5학년 해 봤어?

- 어떻게 해 봐. 작년에는 4학년이었잖아.

- 그치? 아빠도 아빠는 처음이야.

- 응? 아빠 오래됐잖아.

- 5학년 딸을 둔 아빠는 처음이라고.

- 아… 그런데?

- 아빠 하고 싶은 대로 널 막 키우면 될까?

- 아니. 그러면 안 되지.

- 그래서 공부해야 해. 너를 이해하고 잘 키우려면 아빠도 공부가
  필요하거든.

- 그래서 공부하는 아빠가 되고 싶은 거야?

- 응. 그래야 좋은 아빠가 되는 법을 배우고 실천할 수 있으니까.

＊＊＊＊＊

아이가 태어나고 아빠가 되었다. 세상에 나와 힘차게 우는 아이의 울음소리를 듣고서 생각했다.

'나도 아빠가 되었구나…. 이제 뭘 해야 하지?'

나는 교사로서도 부족함이 많은 사람이었다. 교사가 되기 위해 공부했던 과정에서 생각한 학생들과 교실 현장에서 마주

한 학생들 사이에는 큰 괴리가 있었다. 교사가 된 지 얼마 지나지 않아 내가 아는 지식은 큰 바다의 물 한 방울에 지나지 않는다는 것을 곧 깨달을 수 있었다. 아이들에 대해, 아니 사람에 대해 알고 싶었다. 아빠로서도 배워야 한다고 생각했다. 이런 나를 이해해 주고 응원해 준 가족 덕분에 공부를 시작했다.

사이버대학 상담학부부터 시작했다. 사이버대학을 다니며 조금씩 심리와 상담을 공부했고, 이후 3수 끝에 교육대학원 상담교육과에 입학해 어렵사리 졸업을 했다.

그런데 어느 순간 내가 하고 있는 공부가 학생들을 바라보는 안경이 되고 있다는 생각이 들기 시작했다. 내가 배운 지식으로 학생들을 보니 그들의 문제 행동에만 집중하는 것이 불편했다. 때마침 대학원 교수님을 통해 '긍정심리'라는 학문을 접하게 되었다. 하지만 다시 대학원 공부부터 시작해야 했기에 가족과 함께 지내는 시간이 줄어들 수밖에 없었다. 다행히 아내의 배려 아래 나는 긍정심리 박사과정을 수료했다.

공부를 하면서 참 많은 것을 배웠지만, 부모로서 가장 인상 깊었던 것을 꼽으라면 역시 '애착'이 아닌가 싶다. 애착은 인생 초기에 가까운 사람과 강한 정서적 유대를 형성하는 것이다. 아이가 세상에 태어나 처음으로 만나는 타인은 바로 부모

인데, 부모가 '얼마나 가까이에서 적절한 반응을 해 주느냐'에
따라 안정 애착이 되기도 하고, 불안정 애착이 되기도 한다. 애
착, 즉 정서적 유대감이 형성되면 갈등이 일어나도 서로 소통
하며 함께 풀어 나갈 수 있다. 학교 일에 공부까지 아이들 가
까이에서 많은 시간을 함께할 수 없는 물리적 상황들이 있었
지만, 아이들과 안정 애착을 만들도록 노력해야 했다. 그래서
나는 귀가가 늦더라도 꼭 아이들과 짧아도 밀도 높은 시간을
보내려고 노력했다. 그것이 아내와 내가 지치지 않고 건강한
양육을 하는 유일한 길일 테니까.

바쁜 사람들도
굳센 사람들도
바람과 같던 사람들도
집에 돌아오면 아버지가 된다.

어린 것들을 위하여
난로에 불을 피우고
그네에 작은 못을 박는 아버지가 된다.

저녁 바람에 문을 닫고
낙엽을 줍는 아버지가 된다.

— 김현승, 「아버지의 마음」 중에서

" 아니야,
네가 더 중요해 "

- 아빠, 놀자.

- 잠깐만.

- 뭐 해?

- 학생한테 문자가 와서 답해 주고 있거든. 잠깐만….

(한참 후)

- 아빠!

- 어, 잠깐만.

- 꼭 지금 해야 돼?

- 어? 아니, 아니다. 나중에 해도 돼.

- 급한 일 아니야?

- 응, 나중에 해도 돼. 미안해.

- 됐어, 집에 갈래.

- 미안해, 재아야.

- 아빠는 나보다 일이 더 중요하지?

- 아니야, 네가 더 중요해. 아빠가 잘못했어.

* * * * *

다른 일에 집중하고 있을 때 아이들이 말을 걸면 나도 모르게 성의 없이 대답할 때가 있다. 그러면 여지없이 '영혼이 없다'는 말을 듣는다. 어린아이는 언어적 표현에 집중하고, 나이가 들수록 비언어적 표현에 집중한다고 한다. 그래서일까? 나부터가 점점 타인의 말을 끝까지 듣는 일이 쉽지 않다. 아이의 말에 집중하지 못하고 흘려보낸 이 순간이 어쩌면 다시는 오지 않을 수도 있다. 그렇게 생각하면 아차 싶다. 짧은 시간이라도 아이와 함께하는 시간에는 아이의 말에 귀 기울이고 집중해야 한다.

흔히 자녀가 행복해야 부모가 행복하다고 말한다. 혹은 부모가 행복해야 자녀가 행복하다고 말한다. 어떤 말이 참일까?

32

'정서 전염emotional contagion'이라는 말이 있는데, 대니얼 골먼Daniel Goleman이 『감성지능Emtional Intelligence』이라는 책에서 소개한 바 있다. 웃는 얼굴을 보면 웃음이 나오는 것이 인지상정이지 않은가. 따라서 부모가 행복해야 자녀가 행복하다는 말이나 자녀가 행복해야 부모가 행복하다는 말 모두 참이라고 할 수 있겠다.

아이를 키우는 일은 힘들다. 하루 종일 갓난아이와 있어 본 사람이라면 알 것이다. 아이를 돌보는 일이 얼마나 고된지를. 이제 아빠의 양육은 선택이 아닌 필수이다. 아빠가 자녀에게 미치는 영향력은 엄마의 그것보다 전혀 뒤지지 않고, 심지어 어떤 영역에서는 훨씬 크다. 그리고 아빠의 양육은 아내의 건강과 행복은 물론이고, 아이의 발달, 나아가 자신의 행복을 위해서도 꼭 필요하다. 즉 가족 모두를 위한 것이다.

그럼에도 밤늦은 시간까지 일하느라 가족을 뒷전으로 미뤄 놓는 아빠들이 여전히 많다. 내 삶에서 무엇이 가장 중요한지를 다시 생각해 볼 때가 아닌가 싶다. 정말 여건이 허락하지 않는다면, 아이에게 함께하지 못해 속상한 마음을 솔직하게 전해 보자. 아이가 정말 원하는 것은 아빠가 벌어 오는 돈이나 충분한 놀이 시간이 아니라, 자신을 향한 따뜻한 마음과 사랑의 확인임을 기억하자.

" 아이와 함께
있다는 건 "

– 아빠!

– 응?

– 술래잡기하자.

– 응?

– 그거 좀 빼.

– 어?

– 이어폰 좀 빼라고.

– 알았어.

– 나 잡아야 돼!

– 어? 왜?

- 술래잡기하자고!

- 아, 알았어.

- 나 뛴다!

- 어? 어! 같이 가.

* * * * *

늦은 밤, 운동 삼아 인근 학교 운동장을 돌고 있었다. 두 바퀴쯤 돌았을까? 어린아이가 킥보드를 발로 밀며 빠르게 내 앞을 지나갔다. 아이는 달리다 멈춰 서더니 아빠를 불렀다. 한 번, 두 번, 세 번. 불러도 아빠가 대답이 없자 아이는 아빠 곁으로 다가갔고, 그제야 아빠는 여전히 고개를 숙인 채 대답한다. 아빠 귀에는 이어폰이 보였다. 아, 동영상을 보고 있었구나.

문득 얼마 전 일이 떠올랐다. 놀이터에서 아이들과 운동을 하고 있을 때, 졸업한 학생으로부터 문자 메시지가 왔다. 자신에게 함부로 대하는 친구 때문에 속상하다는 내용이었기에 나는 잠시 멈추고 그 학생에게 답장을 보냈다. 그때 아이들이 했던 말.

"우리보다 학생이 중요해?"

아이들에게는 지금 내 옆에 있는 친구나 사람에게 선을 베

푸는 것이 도덕이라고 가르쳐 놓고, 정작 나는 내 곁의 아이들에게 소홀했다. 학생 메시지에 조금 천천히 답을 해도 되었을 것을. 감정 다음에 인지라고 그렇게 떠들고 다니면서 내 앞에 있는 사람의 감정조차 읽어 주지 못했던 것이다. 내 아이들에게만 그랬을까?

멀리서 아이가 부르는 소리조차 듣지 못하고 휴대전화 속 영상을 보고 있던 어느 아빠의 모습이 나와 다르지 않았다. 나는 사람다워지려면 아직 멀었다.

66 아빠 자리 99

- 여보!

- 왜? 무슨 일이야?

- 큰일 났어.

- 왜? 무슨 일인데?

- 재민이 드림렌즈가 세면대 구멍으로 들어갔어.

- 잠깐 기다려. 공구 어디 있지….

- 아빠, 뭐 찾아?

- 스패너라고, 너트를 풀 때 쓰는 공구야.

- 너트가 뭔데?

- 이리 와 봐.

- 그걸 왜 풀어?

- 오빠 렌즈가 세면대 구멍으로 빠졌대. 그래서 이 관을 풀려고.

- 찾았다!

- 우아, 그걸 어떻게 찾았어?

- 관 사이에 손가락을 살살 넣어서 찾았지.

- 아빠, 대단하다!

- 이 스패너 덕분이지. 그러니까 너도 배워 봐.

- 싫어.

- 왜?

- 아빠가 해 주면 되잖아.

* * * * *

기술 공업을 배웠던 학창 시절의 내 아버지는 만능이었다. TV도, 라디오도, 꽉 막힌 변기도, 얼어붙은 수도도 척척 고쳐 냈다. 부서진 의자는 물론이고, 무너지는 벽에 시멘트도 발랐다. 하지만 지금은 이 모든 일을 전문가가 한다. 가정에서 아버지의 역할이나 존재감이 사라지는 건가?

아니다. 아버지의 역할은 변화하고 있다. 사회가 변화하면서 가족의 형태도, 시대가 요구하는 남성상과 여성상, 인재상도 달라졌다. 아버지의 자리, 역할 또한 달라지고 있다. 아빠로서 해야 하고, 보여 주어야 할 여러 가지 역할이 있겠지만, 내가 생각하는 가장 중요한 아빠의 역할은 가족 구성원 모두의 자기실현을 추구할 권리를 지켜 주는 것이라고 생각한다. 물론 다른 가족 역시 아빠의 자기실현을 도와주어야 한다.

부부가 가사와 양육을 함께하며 서로의 자기실현을 지지하고 돕는 과정에서 아이들 또한 부모의 모습을 보며 일과 삶의 균형을 위해 노력하고, 격려하고, 응원하고, 지지하는 삶의 자세를 배울 수 있다. 그것은 우리 아이들이 살아갈 인생에서 꼭 필요한 역량이 될 것이다. 더불어, 말이 아닌 행동을 통해 아이에게 모범을 보이는 것 또한 아빠 자리에서 보여 주어야 하는 모습이 아닐까.

" 더 훌륭한
아빠가 되려고 "

- 아빠는 공부가 좋아, 내가 좋아?

- 둘 다 좋지.

- 아니, 어느 것이 더 좋냐고. 난 공부보다 아빠가 더 좋아.

- 아빠도 재아가 더 좋아. 공부도 재아에게 더 훌륭한 아빠가 되
  려고 하는 거니까.

- 그래? 그럼 다행이다. 난 아빠 좋으려고 공부하는 줄 알았지.

* * * * *

큰아이가 태어나서 초등학교를 졸업할 때까지 나는 대학원

생 신분이었다. 누군가를 가르친 날보다 누군가에게 배운 날이 더 길었던 듯싶다. 더 공부한다고 월급을 더 주는 것도 아니고, 다른 직장처럼 승진이 있는 직업도 아니지만, 그저 더 나은 교사가 되기 위해 공부하고 싶었을 뿐이다.

그러다 보니 정신없이 바빴다. 아이들은 섭섭해 했다. 그런데도 나는 아이들에게 한 번도 제대로 설명해 준 적이 없었던 것 같았다. 아빠가 하는 일의 의미를. 무엇을 위해 사는지, 무엇을 위해 공부하는지, 무엇을 위해 노력하는지.

아이의 질문을 받고 내가 공부하는 또 하나의 이유를 찾을 수 있었다. 아이를 통해 내가 살아가는 이유를 다시 생각하게 된 것이다. 나는 아빠가 되어서 참 좋다. 나를 성장시키고, 삶의 목적을 깨닫게 해 주는 이들이 언제나 가장 가까이에 있으니까.

당신이 이 세상을 있게 한 것처럼

아이들이 나를 그처럼 있게 해 주소서

불러 있게 하지 마시고

내가 먼저 찾아가 아이들 앞에

겸허히 서게 해 주소서

열을 가르치려는 욕심보다

하나를 바르게 가르치는 소박함을

알게 하소서

위선으로 아름답기보다는

진실로써 피 흘리길 차라리 바라오며

아이들의 앞에 서는 자 되기보다

아이들의 뒤에 서는 자 되기를

바라나이다

— 김시천, 「아이들을 위한 기도」 중에서

너희와 엄마가 나갈 때 기분 좋으라고

- 아빠, 뭐 해?

- 신발 정리하고 있지. 같이 해 줄래?

- 좋아.

- 아빠가 신발 정리를 왜 하는지 알아?

- 글쎄, 모르겠는데?

- 너희와 엄마가 외출할 때 기분 좋으라고. 그리고 조금이라도 편하라고.

- 아, 그렇구나. 아빠 고마워.

- 아빠 마음을 알아줘서 아빠도 고마워.

*****

결혼 전에는 잘 몰랐다. 새벽에 나가고 밤늦게 들어오는 날이 많다 보니 집은 그저 잠자는 곳이자 부모님과 함께 머무는 곳 정도의 의미였다. 결혼을 하고 나니 청소, 빨래, 설거지 등 가족이 생활하기 위해 해야 할 집안일이 무척 많았다. 집안일은 조금만 신경을 안 써도 금방 티가 났다. 물론 모든 집안일을 내가 한 것은 아니지만, 집에 있는 동안에는 아내보다 더 하려고 애를 썼다. 이유는 간단하다. 아이가 태어나면서 우리에게는 육아까지 더해졌기 때문이다.

어린아이를 키우는 가정 중 돌봄소진caring burnout을 호소하는 경우가 있다. 소위 쉼 없는 돌봄으로 무심하게 반응하게 되는 것을 말한다. 부모 혹은 사람을 상대하거나 가르치는 직업을 가진 사람들은 일의 특성상, 애써 한 일들에 대한 즉각적이고 구체적인 결과가 잘 드러나지 않는다. 즉각적인 결과가 보이지 않으므로 자신이 하는 일의 의미나 가치를 확인하기 어렵다. 결국 몸과 마음이 피폐해져서 학생이나 자녀에게 집중하지 못하고 그냥 기계적인 반응을 보이게 되는 것이다.

아이는 아빠보다는 엄마와 애착을 형성할 가능성이 높다.

따라서 건강한 가족관계를 형성하기 위해서는, 부부가 함께 양육의 보람을 느끼면서 아내가 쉼 없는 돌봄으로 소진되지 않도록 해야 한다. 그래서 아내가 아이들에게 신경을 쓰는 동안에는 집안일은 가능하면 내가 맡으려고 노력했다.

이런저런 집안일을 하다 보니 수십 년간 가족을 위해 혼자서 묵묵히 많은 일을 해 오셨던 어머니의 노고에 대해서도 다시 한번 생각하게 되었다. 육아와 가사는 더 이상 누구 한 사람이 해야 할 일이 아니다. 가족 모두를 위해 함께 해야 하는 일임을 잊지 말자.

66 아빠 꿈은
안심할 수 있는
세상을 만드는 거야 99

- 아빠, 어른들도 꿈이 있어?

- 그럼!

- 아빠 꿈은 뭐야?

- 아빠의 꿈은 너희들이 밖에 언제 나가도 안심할 수 있는 세상을
  만드는 거야.

- 언제 나가도 안심할 수 있는 세상? 그게 아빠 꿈이라고? 무슨
  뜻인지 잘 모르겠는데.

- 음, 너는 밤에 혼자 나갈 수 있어?

- 아니, 무섭지.

- 그럼 혼자 아무 데나 갈 수 있어?

아빠의 말공부

- 아니. 못하지. 세상이 얼마나 무서운데.

- 그래서 아빠는 선생님이 되고 싶었어. 아빠가 가르친 학생들이 아빠보다 훌륭해지면, 세상은 좋은 사람들이 더 많아질 테고, 그러면 아빠 꿈이 이뤄질 테니까.

- 정말 그렇네! 나도 열심히 해야겠다!

- 지금도 아빠보다 열심히 하잖아.

- 그런가?

- 아빠 어릴 때보다 지금의 너희들이 더 열심히 하는 것 같아. 그래서 아빠는 우리나라의 미래가 훨씬 좋아질 것 같아.

어릴 적 나는 꿈이 뭐냐는 질문을 받을 때마다 교사가 되는 것이라고 대답하곤 했다. 그런데 지나고 보니 교사는 내 꿈이 아니라 목표였다. 교사가 되는 순간 꿈은 사라져 버리므로.

이제 누군가 내게 꿈이 무엇이냐고 물으면 나는 "우리 아이들이 언제, 어디를 가건 안심할 수 있는 세상을 만드는 것"이라고 말한다. 보다 먼 미래를 생각하고, 보다 많은 사람들을 생각하는 사람으로 성장할 수 있도록 가르쳐서 더 많은 이들이 사이좋게 지내는 사회를 만들고 싶다.

교육을 통해 한 사람, 한 사람 훌륭하게 성장시킨다면 타인의 불행 위에 자신의 행복을 구축하지 않는 사람으로 기를 수 있지 않을까? 그래서 나는 아빠로서, 교사로서 최선을 다하려고 한다. 내 꿈을 이루려면 교사로서, 부모로서 나에게 주어진 역할에 최선을 다해야 할 테니까.

66 아빠도 못하는데
너한테 잘하라고
하는 것 같아서 99

- 아빠 뭐 해?

- 응, 야구 게임.

- 재미있어?

- 너도 해 볼래?

- 그런데 아빠 할 일 있다고 하지 않았어?

- 음… 이따가 하려고.

- 또 늦게 자려고?

- 그러게….

- 재민아, 뭐 해?

– 어… 게임….

– 너 숙제 있다고 하지 않았어?

– 아… 알았어.

– 아냐, 아냐. 너 하고 싶은 만큼 하고 나서 해.

– 아냐, 그만 할게.

– 미안해, 재민아.

– 뭐가?

– 아빠도 잘 못하는데 너한테 잘하라고 하는 것 같아서.

*****

가끔 아이들이 내가 아내나 그들에게 하는 말투를 흉내 낼 때가 있는데, 속으로 뜨끔하다. 내 어리석은 모습을 발견하기 때문이다. 또 아이를 꾸짖고 나서 크게 후회하는 순간이 있는데, 고치고 싶었던 내 모습을 아이를 통해 보게 되었을 때다.

아이들이 없었다면 내 어리석음을 깨닫지 못한 채 늙어 갔을지도 모른다는 생각이 들었다. 아이들이 고맙고, 두려운 이유다. 아이들 덕분에 내 부족함을 알고, 변화된 모습을 보여 주기 위해 아이들 앞에서 더 노력하며 살아야 하니까. 부모가 바뀌지 않으면 아이도 바뀌지 않을 것이다.

아빠의 말공부

기도할 수 있어 감사한다.
그리고 내 옆에 있는 너와 함께
배울 수 있어 감사한다.
고맙고도 고마운 나의 사랑
너는 나의 삶을 계속해서 흔든다.

— 켈리 클라손, 「고마운」 중에서

" 아빠도 할머니
실망시킨 적 많아 "

– 방이 너무 지저분하다고 생각하지 않아?

– 난 괜찮은데?

– 그래? 알았어. 그런데 숙제는 다 했니?

– 무슨 숙제?

– 수학 숙제 있지 않아?

– 아, 맞다! 지금 할게.

– 그래, 빨리 해.

– 아빠, 죄송해요…. 나 정말 한심하지?

– 아니야. 괜찮아. 아빠도 할머니 실망시킨 적 많아.

아이가 세상에 나오는 과정을 지켜보며 부모가 된다는 것이 얼마나 위대한 여정의 시작인지 비로소 깨달았다. 아이가 골고루 잘 먹는지, 잠은 잘 자는지, 아픈 데는 없는지 부모가 되는 순간부터 늘 노심초사한다. 어릴 때 부모님은 나에게 왜 이리 잔소리가 많은가 하고 늘 불만이었는데, 오로지 자식 잘되라는 마음뿐이었다는 걸 부모가 되어서야 깨닫는다. 그래서 부모가 된다는 건 자녀를 키우며 비로소 진짜 사람이 되어 가는 과정이 아닐까 싶다.

아이들이 부모 마음처럼 따라 주지 않을 때는 도대체 몇 번을 말해야 하느냐는 생각이 들면서 화가 올라오지만, 몇 번이고 시행착오를 반복하며 스스로 고칠 때까지 기다려 주는 과정이 없다면 나중에 어떻게 자신의 행동을 통해 스스로 깨닫는 기쁨을 얻을 수 있을까. 우리 아이들에게도 기회를 주어야 한다. 스스로 깨닫고 성장할 수 있는 기회를.

아빠의 마음을 말하고, 또 말해야 하는 이유

동서양을 막론하고 남성의 정서 표현은 터부시되어 왔다. 일종의 성 고정관념인 셈이다. 남성은 여성에 비해 이성적이고, 덜 감정적이라는 고정관념은 일종의 자기 충족적 예언이 되어 버린다. 무슨 뜻일까? 2008년 『스칸디나비안 심리학 저널Scandinavian Journal of Psychology』의 논문에 따르면 성인 남녀의 얼굴 표정을 모니터링해 보니 남성의 표정이 더 감정에 잘 반응하는 것으로 나타났다. 또 2008년 스웨덴 룬드대 연구진의 논문에 따르면 남성들이 무표정한 표정을 지으려 노력하는 것은 감정을 쉽게 표현하는 것이 약해 보인다고 생각해 감정 표출을 자제할 뿐이라는 것이다. 이처럼 남성에 대한 사회적 고정관념이 남성 개개인에 내면화되어 자신이 기대하는 성역할에 맞게 행동하게 된다. 따라서 남자는 태어났을 때, 부모님이 돌아가셨을 때, 나라를 잃었을 때만 운다는 잘못된 고정관념이 남성의 정서 표현을 가로막은 셈이다.

자신이 느끼는 감정을 밖으로 자연스럽게 표출하지 못하고 숨기면 건강이 악화될 수 있다. 감정을 표현하고 싶어도 하지 못하는 것을 '감정표현불능증alexithymia'이라고 부르는데, 이는 우리말로 바꾸면 '화병'이다. 화병은 우리나라에서 특히 자주 발견되는 감정표현불능증으로, 주로 억울한 일을 당했을 때 쌓인 화를 삭이지 못해 생기는 질병이다. 따라서 좋은 감정도, 나쁜 감정도 가까이에 있는 사람에게 이야기하는 것이 건강에 좋다.

인간의 행복을 건강한 기능의 관점에서 재정의한 리프Carol D. Ryff와 싱어Burton Singer는 자기수용, 타인과의 긍정적인 관계, 자율성, 환경적 숙달, 삶의 목적, 개인적 성장을 중요하게 여겼다. 남성에 비해 폭넓고 깊은 정서 경험을 하는 여성이 타인과의 긍정적인 관계와 개인적 성장에서 남성보다 높은 점수를 얻었다. 따라서 타인과 긍정적인 관계를 맺으려면 타인의 감정에 공감하고, 자신의 감정을 표현할 줄 알아야 한다는 것이다.

또한 카스텐슨Laura Carstensen의 사회정서적 선택 이론에 따르면, 인간은 나이를 먹어 가면서 새로운 인간관계를 형성하는 데 시간을 투자하기보다는 오랫동안 가까이 지내 온 사람들과 시간을 보내는 걸 선호한다는 것이다. 바꾸어 말하면 자신과 정서적 유대감을 형성할 수 있을지 확실하지 않은 새로운 인간관계에 시간을 투자하는 대신, 자신에게 익숙하고 긍정적인 기존의 관계에 집중하는 경향이 커진다는 것이다.

과거 한 언론사는 대학생을 대상으로 아버지에 관한 설문조사를 실시하였다. 설문조사 결과에 따르면 TV와 아버지 중 TV를 선택하겠다는 대학생의 비율이 68%였고, 자신의 고민을 아버지에게 털어놓을 거라는 자녀는 4%에 불과했다. 반면 자녀가 나에게 고민을 털어놓을 거라고 대답한 아버지는 약 51%였다. 이들의 생각은 왜 이렇게 다를까?

생각해 보자. 여전히 대부분의 가정에서 자녀와 주로 시간을 보내는 사람은 아빠가 아니라 엄마다. 같은 공간에 있는 시간이 늘어났다고 아이와 함께 있는 것은 아니다. 아이와 함께 말하고, 아이와 같이 움직여야 '함께 시간을 보낸다'고 말할 수 있다.

좋은 아빠가 되고 싶다면 함께 시간을 보내야 한다. 보고 싶다고 말해야 한다. 사랑한다고 말해야 한다. 말하지 않으면 그 어떤 마음도 온전히 전달할 수 없기 때문이다. 아이들은 눈빛만으로 알지 못한다. 실제로 아이가 어릴수록 비언어적 표현보다 언어적 표현에 의존한다는 연구 결과가 있다. 아빠의 마음을 말하고, 또 말해야 하는 이유다.

2장

독립적으로
행동하도록 이끄는
아빠의 말

" 나 혼자 잘래 "

- 아빠, 나 졸려. 엄마는 어딨어?

- 엄마는 피곤해서 벌써 자. 그냥 아빠랑 자자.

- 엄마 벌써 자?

- 응. 가서 봐.

- 그럼… 나 오늘은 혼자 잘래.

- 진짜? 혼자 잘 수 있겠어?

- 친구들도 혼자 자는 애들 많아.

- 그래, 다 컸네.

　　　　　＊ ＊ ＊ ＊ ＊

아이들이 초등학교에 들어가면 잠자리 독립을 할 줄 알았는데, 5학년이 되어서야 혼자 자기 시작했다. 여전히 엄마 아빠 품에서 떨어질 줄 모르는 아이들을 보며 주변에서 걱정 어린 이야기를 많이 했다. 처음으로 아이들이 떨어져 잔다고 했을 때, 이때다 싶어 얼른 아이의 잠자리를 마련해 주었다. 하지만 고작 하루에 불과했다. 그나마도 아이들이 잘 때까지 옆에 있어 주어야 했다.

하지만 나는 조급해 하지 않았다. 한 달이 지나고, 두 달이 지나고, 일 년이 지나는 사이 아이들은 자주 혼자 자겠다고 말했고, 잠들 때 옆에 있지 않아도 되는 횟수도 늘었다. 억지로 떨어뜨리기보다 아이가 할 수 있는 만큼 기다렸다.

부모와 아이의 스킨십은 애착 관계 형성에 아주 중요하다. 어릴 때 부모와 안정적인 애착 관계를 형성하지 못하는 경우 또래 관계 문제, 불안장애, 우울증, 공격성 및 비행의 문제를 더 쉽게 보일 수 있다는 연구 결과도 있다. 이러한 결과는 역으로 부모와 안정적인 애착 관계를 형성한 아이들은 사회성이 잘 발달되어 또래 관계가 좋으며, 사회 적응력이 좋을 가능성이 크다는 의미이기도 하다. 부모의 사랑을 확인하는 과정에서 아이들은 자기 확신감을 높이고, 타인에 대한 신뢰감을 발달시킨다.

부모와 자녀의 안정적인 애착 관계는 양육자에게도 긍정적인 효과가 있다. 맞벌이가정일수록 아이들과 떨어져 지내는 시간이 많아 죄책감을 갖는 부모가 많다. 그런데 부모와 자녀가 안정적인 애착 관계를 형성하면 아이들은 '나는 사랑을 받고 있고, 우리 엄마 아빠는 나를 혼자 두지 않을 것이며, 간혹 떨어져 있더라도 나를 계속 돌봐줄 것'이라는 확신을 가져 정서적으로 편안한 상태가 된다. 이런 정서 상태가 유지되면 아이는 더 이상 불안해 하지 않고, 부모에게 집착하거나 회피하는 행동이 줄어들게 된다. 자연히 부모의 육아 스트레스도 줄어든다.

사춘기가 되면 아이들은 부모보다 친구를 더 가까이 하는 시기가 올 것이다. 자연스레 부모 품을 떠난다. 그때까지 마음껏 품어 주자. 사랑받는 아이가 사랑을 줄 수 있는 어른으로 성장하리라 믿기에.

" 네가 해 볼래? "

- 아빠 뭐 해?

- 계란말이.

- 그거 어떻게 하는 거야?

- 해 볼래?

- 응.

- 계란을 먼저 그릇에 풀어야 해. 계란을 깨서 여기에 담고 휘저어
  봐. 천천히 하면 돼.

- 넘치지 않게 천천히, 천천히….

- 이제 프라이팬에 올려야 하는데 너무 뜨거워서 네가 다칠 것 같
  아. 이건 아빠가 하는 걸 지켜보고, 대신 쌀 씻어 줄래?

– 알았어. 어떻게 씻는 거야?

– 잘 봐. 이렇게 씻는 거야. 아빠가 한 번 했으니까, 네가 두 번만
더 해 줘.

* * * * *

아내는 불을 쓰는 요리 과정에 아이들이 함께하는 걸 걱정
했지만, 부모가 주의를 기울이면 장점이 더 많은 활동이라고
생각했다. 요리 활동은 간단한 소근육 운동이 될 뿐 아니라, 아
이들의 집중력, 탐구력, 창의력을 높일 수 있는 활동이다. 다
양한 재료와 각각의 양과 요리 과정 속에 고려해야 할 여러 요
인이 잘 맞아야 맛과 영양을 갖춘 하나의 요리가 만들어지기
때문이다. 요리 순서를 보고 들으면서 집중력을 높이고, 다양
한 재료를 통해 자신이 원하는 요리를 만들어 보면서 창의력
을 높일 수 있다. 여기에 부모의 칭찬까지 더해지면 아이는 성
취감까지 얻을 수 있다. 부모와 함께 식사 메뉴를 정하고, 이를
위해 장을 보고, 요리를 하는 경험은 아이들의 인지 발달을 촉
진시킨다.

아이들이 자라면서 요리에 관심을 기울이는 순간이 있다.
이때 아이가 할 수 있는 간단한 재료 정리부터 시작해 요리하

아빠의 말공부

는 과정에 참여시키고, 손쉬운 요리부터 하나씩 도전할 수 있는 기회를 주는 것이 좋다. 재료를 직접 보고, 만지고, 냄새 맡는 과정이 먹어 보지 못한 음식에 대한 두려움을 없애는 데도 도움이 된다.

꼭 요리 과정에 참여하지 않아도 된다. 아이가 어리면 식탁에 물컵이나 수저 놓기, 반찬 고르기 등 식사를 준비하는 과정에 참여시켜도 된다. 아이를 키우면서 잘 안 되는 일 중 하나가 골고루 먹이는 일이었는데, 식사 준비 과정에 참여시킨 이후로 아이들의 반찬 투정이 많이 줄었다.

교사 입장에서도 가장 힘든 일 중 하나가 급식 지도다. 학생들이 골고루 먹도록 지도하고, 먹고 난 후에 정리 정돈을 잘하도록 지도해야 한다. 학교 급식은 영양학을 전공한 영양사의 계획에 따라 칼로리보다 영양소를 고려하여 계획한 식단 중심으로 만들어진다. 영양소를 고려한 식단은 아이들이 싫어하는 채소를 비롯하여 건강식이 빠지지 않기 때문에 급식을 싫어하는 아이들이 많다.

어떻게 해야 아이들이 골고루 먹게 할 수 있을까? 첫째로 부모가, 또는 교사가 골고루 먹어야 한다. 나는 학교에서도 급식을 남기지 않는다. 아이들에게 골고루 먹어야 한다고 말해 놓고 교사가 편식할 수는 없기 때문이다. 그래서 일부러 아이들 앞에서 채소를 더 자주 먹기도 한다.

예전에는 가족이 둘러앉아 함께 식사를 하는 것이 당연했지만, 요즘은 어른부터 아이들까지 바쁜 일정에 각자 따로 식사를 하게 되는 경우가 늘었다. 아빠들은 특히나 육아에 많은 시간을 쏟지 못한다. 괜찮다. 육아는 양보다는 질이라고 생각한다. 일주일에 단 한 번이라도 아이들과 함께 식사를 준비하는 시간을 가져 보자.

" 네가 결정해 "

– 아빠, 나하고 놀아 줘.

– 그래. 뭐 하고 놀까? 나가서 자전거 탈까?

– 아니, 오늘은 노래 맞추기 하자.

– 노래 맞추기? 어떻게 하는 건데?

– 노래 들려주면 제목을 맞추는 거야.

– 알았어. 재미있겠는데.

＊ ＊ ＊ ＊ ＊

놀이는 아이들에게 매우 중요하다. 자발적인 놀이에서 오는 즐거움이나 만족감은 억지로 하는 학습보다 뇌가 집중하고 몰입할 수 있게 도와준다. 무엇보다 이때 아빠의 역할이 아이의 신체 건강에 많은 영향을 끼친다는 사실은 이미 여러 연구를 통해 밝혀졌다. 웨이크포레스트 대학교는 수십 년간의 연구 끝에 어린 시절 아빠와 자연스럽고 원활하게 소통하며 사랑을 많이 받고 자란 아이들이 높은 자신감과 자존감을 가지고 있다는 사실을 알아냈다. 이외에도 아빠와 많이 놀았던 아이들이 사회성이 뛰어나 교우관계가 좋고, 자신감이 넘친다는 연구 결과는 많다.

아무래도 아빠와는 몸을 부대끼는 과격한 놀이를 하기 쉬운데, 이 과정에서 아이들은 행동과 감정을 조절하는 법을 배울 수 있다. 때로는 인과관계를 따지는 논리적 의사결정 과정을 통해 창의성도 키울 수 있다. 놀이에서 이기고 지는 과정을 거치며 공정한 룰을 익히고, 다른 사람의 감정을 이해하는 등 사회성을 키울 수 있다.

에너지가 많은 아이는 뛰어노는 걸 좋아하고, 매사에 조심스럽고 겁이 많은 아이는 조용한 놀이를 좋아한다. 어떠한 경우라 해도 중요한 건 아이가 좋아하는 놀이에 부모가 참여하는 것이다. 아이의 눈높이를 항상 염두에 두어야 한다. 물론 아이가 스마트폰이나 컴퓨터 게임만 하고 싶어 할 수 있다. 이때는 스스로 시간을 정하게 하는 것이 좋다. 정해진 시간에 부모가 아닌 아이 스스로 종료 버튼을 누르는 것이 아이가 스스로를 잘 통제하고 있다는 증거이기 때문이다. 아이가 종료 버튼을 누르면 당연히 대단하다고 격려해 주어야 한다. 어른도 게임을 하다 정해진 시간에 멈추기 힘들어 하는데, 하물며 아이들은 오죽할까. 그럼에도 단호하게 멈추는 그 의지에 존경의 마음을 표현해 주어야 하는 것이다.

놀이의 주도권도 아이가 갖는 것이 좋다. 자신 이외의 타인까지 염두에 두고 놀이의 규칙을 정하고 함께 놀려면 아이는 높은 수준의 창의력을 발휘해야만 한다. 『생각의 탄생』을 쓴 로버트 루트번스타인Robert Root-Bernstein은 "놀이는 모든 것을 새로운 관점에서 보게 하는 재미있고 위험 없는 수단이다."라고 말했다. 어느 순간이든 부모는 적극적으로 재미있음을 표현하고, 아이의 행동에 대해 평가해서도 안 된다.

아이와 놀아 주어야 한다고 말하면 다양한 경험을 주어야 한다고 부담을 갖는 아빠들이 많은데, 꼭 유명한 관광지나 박물관에 갈 필요는 없다. 동네 버스 노선 여행이 되어도 좋고, 동네 골목길 탐색이 되어도 좋다. 중요한 건 아이와 함께 시간을 보내며 아이와 생각과 느낌을 주고받는 것이다.

" 어떻게 할지
말해 줘 "

– 저기서 할 거야!

– 안 돼!

– 으아앙~.

– 저기서 하고 싶어?

– 으아앙~.

– 울면서 말하면 아빠는 못 알아듣는데.

– 저기서 하고 싶어.

– 밥상이 있는데 어떻게 공놀이할 거야?

– 저기서 할 거야.

– 밥상이 있는데 어떻게 공놀이를 할지 말해 줘.

- (도리도리)

- 모르겠어? 그럼 이 옆에서 굴리면서 할까?

- 던지면서 할 거야.

- 아빠가 고기 굽고 있네. 어떡하지?

- 던지면서 하고 싶어.

- 아빠가 고기 굽다가 공이 탁 튀어서 기름이 아빠 얼굴에 닿으면 앗 뜨거워 할 텐데. 괜찮아?

- (도리도리)

- 그럼 어디서 할까?

- 저 방에 가서 해.

- 저 방에 가서 할래?

- (끄덕끄덕)

- 그래. 저 방 가서 하자.

* * * * *

아이가 어릴 때는 떼쓰는 일이 많다. 아이가 원하는 걸 바로 해 주지 않으면 울기 마련이고, 우는 아이를 달래다 보면 나도 모르게 짜증을 내곤 했다. 부모는 자식을 세상 무엇보다 소중히 여기지만 의외로 자기 감정을 다스리지 못해 양육에 실패

한다. 돌아보니 나는 아이의 욕구나 두려움, 불안 등에 대해 전혀 헤아려 주지 않고, 또 아이가 이해할 수 있는 말로 설명해 주지 못했다.

육아와 상담 관련 책을 읽으며 나는 한 가지 원칙을 세울 수 있었다. 감정은 읽어 주되 행동은 통제하라는 것이다. 이는 존 가트맨John M. Gottman 박사의 『내 아이를 위한 감정코칭』에도 소개된 바 있다. 원칙을 기억하고 아이와의 대화에 적용하려고 노력했지만, 막상 떼쓰는 순간을 마주하면 실천하기가 어려웠다. 또 아이의 마음을 알아주고, 왜 그것을 하면 안 되는지 부드럽게 타일러야 할 때도 있지만, 규칙이기 때문에 순응해야 하는 것을 가르쳐야 하는 때도 있다.

특히나 아이가 공공장소에서 문제 행동을 보이면 다른 사람의 시선이 집중되기 때문에 부모가 당황한 나머지 최대한 빨리 그 상황을 모면하려고 쉬운 방법을 선택하게 된다. 그러면 아이의 행동은 개선되지 않는다.

이때는 잘못된 행동에 선을 그어 주는 훈육이 필요하다. 나는 아이들과 규칙을 세웠다. 어떠한 상황에서는 어떻게 행동해야 하는지 내가 먼저 말하지 않고, 아이에게 행동의 이유를 물었다. 때로는 어른들은 알 수 없는 아이들만의 이유와 감정이 있을 수도 있으므로. 그리고 아이 스스로 자신의 감정과 행동을 예상하고, 또 조절할 수 있는 경험을 만들어 나갔다. 쉽지는 않지만 자기가 한 행동에 대한 결과를 아이가 경험하고, 또 스스로 책임지게 하는 부모의 일관된 신념이 가장 중요하다.

" 네가 보내는
하루하루를
멋지다고 말할게 "

- 아빠, 내 손톱은 누구를 닮았어?

- 아빠 닮은 거 같은데. 왜?

- 못생긴 것 같아서. 나는 마음에 안 들어.

- 그게 중요해?

- 나는 중요해. 물론 엄마 아빠는 '너는 다 예쁘다' 하고 말하겠
  지만, 안 예쁜 건 안 예쁜 거지.

- 그렇구나. 아빠가 미안하네. 그동안 예쁘다고 말해서.

- 그게 왜 미안해?

- 아빠는 네가 건강하게 자라는 게 너무 예뻐. 네가 어릴 때는 잘
  먹고, 잘 자고, 잘 움직이는 게 예뻤거든. 지금은 잘 웃고, 숙제도

열심히 하고, 건강한 게 예쁘지.

- 그런데?

- 그냥 예쁘다고만 말한 게 잘못이었네.

- 왜?

- 아빠가 널 보고 '예쁘다'고 말하면 너는 무엇을 예쁘다고 말한
  걸로 생각할까?

- 얼굴?

- 그렇지.

- 그게 왜 잘못이야?

- 예쁜 건 네가 살아가는 모습 그 자체인데, 네 얼굴만 예쁘다고
  말한 것처럼 되어 버렸잖아.

- 무슨 말인지 모르겠어.

- 매일 열심히 사는 네 모습이 예쁘고 좋다고 말한 건데, 너는 손
  톱만 신경 쓰게 된 것 같아서 아빠는 속상하거든.

- 내가 손톱만 신경 쓰는 것 같아서?

- 응. 네가 하루를 어떻게 보내는지가 더 중요한데, 너의 손톱만
  신경 쓰게 된 것 같아서. 다음부터는 네가 보내는 하루하루가 다
  멋지고 예쁘다고 말할게.

*****

아이들은 자라면서 자신의 외모에 관심을 갖기 시작한다. 그러고는 '난 키가 작은 것 같아.' '난 손톱이 못생긴 것 같아.' '나는 눈이 작아.' 등의 불만을 터뜨린다. 그때마다 아니라고, 네가 얼마나 예쁜지 모른다고 말했는데, 아이의 진짜 모습을 들여다볼 기회를 주지 못했다는 후회가 드는 순간이었다.

만약 열심히 수업을 마친 후에 내 수업이 아니라 외모에 대해 평가받는다면 어떤 기분일까?

'노력'과 '과정'에 대하여 '공개적'으로 칭찬하기.

아이들을 가르치며 이 세 가지를 늘 잊지 않고 실천하려는 이유는 이 때문이다. 어떤 아이도 능력이나 결과가 아니라 노력과 과정에 대해 이야기해 주어야 자기 행위의 의미를 찾을 수 있기 때문이다. 따라서 내 아이들에게도 외모에 대한 평가를 하지 않으려고 노력한다. 그보다는 아이가 기울인 노력에 대하여, 그 어려운 과정을 끝까지 해낸 노고에 대하여 칭찬하려고 애쓴다. 아이가 자신이 기울인 노력과 자신의 성장에 주의를 기울일 수 있도록, 타인이 기울인 노력과 성장에 주목하는 사람이 되도록.

들판 위로 내리는 비가
산 위로 나타나는 구름과 다르듯이,
어떤 사람이 노출시키는 면은
그가 감추고 있는 면과 다르다.

— 칼릴 지브란

66 싫다고 말해 줘서
고마워 99

- 아빠도 뽀뽀해 줘.

- 싫어.

- 아빠 싫어?

- 아니. 하지만 지금은 싫어.

- 기분 안 좋아?

- 응.

- 알았어. 그럼 다음에 해 주고 싶을 때 해 줘.

- 알았어, 아빠.

- 그리고 싫다고 말해 줘서 고마워, 재아야.

- 왜?

아빠의 말공부

- 네 기분이 어떤지, 네가 싫은지 아빠가 몰랐잖아.

- 그래서?

- 네 마음을 말해 줘서 아빠가 알게 되었잖아. 네가 기분이 나빠서 뽀뽀하기 싫어한다는 걸.

- 그런데도 아빠는 기분 안 나빠?

- 응. 다행이라고 생각해.

- 왜?

- 누가 만지거나 뽀뽀하는 건 억지로 하면 될까?

- 아니. 안 되지.

- 그 누군가가 아빠라 해도 마찬가지야. 네가 싫은 걸 억지로 해서는 안 되는 거야.

- 맞아, 맞아. 학교에서 배웠어. 싫다는데 억지로 만지면 성추행이라고 그랬어.

- 그렇지. 네가 아빠라고 해서, 혹은 어른이라고 해서 싫은 걸 억지로 하기보다 네 감정을 솔직하게 얘기하는 것이 아빠는 기쁘고 다행이라고 생각해.

＊＊＊＊＊

아이가 어릴 때는 부모와의 스킨십이 아이를 심리적으로 안

정시켜 주고, 뇌 발달을 촉진시킨다는 연구 결과를 보았기 때문에 아이를 자주 안아 주었다. 하지만 어느 순간부터 아이가 싫다고 말할 때가 있었다.

특히 아이들은 할머니, 할아버지와 먼저 멀어졌다. 함께 머무는 시간의 양이 친밀감에 영향을 준 것이다. 처음에는 마음이 불편했다. 할머니, 할아버지가 부르는데 아이들이 냉큼 가지 않는 것이 마치 나의 불효처럼 느껴졌다. 자식을 잘못 키우는 건 아닌지 고민도 되었다.

그런데 아이 입장에서 생각해 보니 내 생각이 지나치다는 것을 알게 되었다. 부모도, 조부모도 아이보다 나이 많은 타인이다. 나이를 위계로 삼아 아이에게 원하지 않는 스킨십을 강요하고, 아이에게 참고 견디라고 가르치는 것보다는 분명하게 거절하도록 가르치는 것이 옳다고 생각했기 때문이다.

아이도 자신의 사적인 영역을 존중받고, 또 지키는 법을 익혀야 한다. 남녀노소에 상관없이 상대방의 사적인 영역에 대한 존중이 필요하다.

아빠의 말공부

66 피곤할 텐데
일어나다니 대단하다 99

– 안 자니?

– 잠이 안 와.

– 지금 12시 반이야.

– 조금 있다가 잘게.

– 빨리 자야지.

– 재민아, 일어나!

– 으….

– 어제 몇 시에 잤어?

– 몰라….

- 빨리 일어나.

- 알았어….

- 진짜 안 일어날 거야? 빨리 씻고 학교 가야지.

- 알았어. 일어났잖아.

- 그래. 피곤할 텐데 일어나다니 대단하다.

* * * * *

사춘기가 되면 여러 생물학적 변화와 함께 생체리듬도 바뀐다. 수면유도 호르몬인 '멜라토닌'이 성인보다 최대 2시간 정도 늦게 분비되기 때문에 어른들은 잠이 쏟아지는 밤 11시에도 청소년은 잠이 안 와서 말똥말똥 깨어 있고, 어른들이 활기를 되찾는 오전 8시쯤에는 반대로 비몽사몽인 것이다.

그런데 한국청소년정책연구원 조사 결과 우리나라 청소년의 평균 수면 시간이 OECD 국가 평균 수면 시간보다 1시간 이상 부족한 것으로 나타났다. 청소년의 절반 이상이 수면 부족을 호소하고 있으며, 수면이 부족한 이유로는 공부와 인터넷 이용 등이 꼽혔다.

멜라토닌이 분비되기 시작하는 시간은 일반적으로 밤 9시부터 11시 사이이며, 새벽 2시경에 최고조에 이른다. 청소년의 경우에는 멜라토닌 분비 시간이 이전보다 2~3시간 정도 늦어지므로 자정을 넘기지 않고 잠자리에 드는 것이 좋다. 하지만 대부분의 청소년은 밤 12시를 훌쩍 넘겨서 잠자리에 들고, 아침 7시 전부터 일어나야 한다. 만성 수면 부족인 셈이다.

수면이 부족하다는 건 어떻게 알 수 있을까? 수면 전문가 매슈 워커Matthew Walker에 따르면 아침 10시나 11시에 다시 잠들 수 있거나, 정오가 되기 전에 카페인 없이 최적의 상태로 움직일 수 없다면 수면이 부족한 것이라고 한다. 대부분의 청소년이 학교에서 졸려 한다. 오전에는 무기력하게 보내기 일쑤다. 잠이 부족하다는 뜻이다.

그럼 어떻게 해야 조금이라도 일찍 잘 수 있게 될까? 야외에서 햇볕을 받아야 한다. 일어난 후 1시간 이내에 충분한 신체활동을 해야 한다. 더하여 숨이 찬 운동을 30분 이상 해야 한다. 또 많은 사람과 상호작용해야 한다. 그러므로 부모가 매일 자가용으로 아이를 등하교시키는 것은 오히려 아이의 건강한 신체 발달에 방해가 된다고 볼 수 있다.

집에서 할 수 있는 일은 무엇일까? 우리 몸이 피로할 때는 '아데노신'이라는 호르몬이 분비되는데, 이 호르몬이 수용체와 결합하면 졸음이 온다. 그런데 대신 카페인이 아데노신 수용체와 결합하면 각성 효과가 일어난다. 따라서 카페인이 들

어간 초콜릿이나 콜라, 녹차, 커피 등의 음료를 주지 않는 것이
좋다. 또 밤이 되면 블루라이트(예를 들어 컴퓨터 모니터나 스마트폰
불빛)와 멀어져야 한다. 더하여 발을 따뜻하게 해 주는 족욕을
하거나, 따뜻한 물로 샤워를 하면 숙면을 취하는 데 도움을 받
을 수 있다.

아빠의 말공부

66 어려운 걸 해내서
기뻤으면 좋겠어 99

- 나 안 해.

- 왜? 다른 친구들은 다 달리는데 넌 안 할 거야?

- 힘들잖아.

- 다른 친구들은 안 힘들까?

- 몰라.

- 너는 쉬운 것만 하고 싶구나? 어려운 걸 피하려고 하는 거 같은
  데, 맞아?

- 몰라.

- 넌 어려운 건 안 하는 사람이 되고 싶어?

- 그건 아냐.

- 그럼 어려운 것도 잘하는 사람이 되고 싶어?

- 응.

- 그럼 달려 봐.

- 싫어.

- 왜? 넘어질까 봐 두려운 거야?

- 아니야. 그냥 지금은 달리고 싶지 않아.

- 친구들한테 질까 봐?

- 아니야.

- 알았어. 그럼 친구들 다 가고 나서 달려 볼래?

- ….

- 알았어. 그럼 친구들 달리는 거 응원하자.

- 응원? 응원이 뭐야?

- 친구가 넘어져도 다시 일어서서 끝까지 힘내서 달리라고 격려하
  는 거야.

- 격려는 뭔데?

- 네 마음을 전하는 걸 격려라고 해.

- 내 마음이 뭔데?

- 친구가 어려운 것을 해내기를 바라는 마음.

- 어떤 어려운 거?

- 장애물 달리기를 할 때 넘어져도 포기하지 않고 달리는 거.

- 계속 넘어져도?

- 다시 일어나면 되잖아.

- 넘어지면 아프잖아.

- 다음에 안 넘어지면 되지.

- 어떻게 안 넘어져?

- 장애물을 잘 보고 힘껏 뛰어넘으면 되지. 눈을 똑바로 뜨고 장애
  물을 정확히 보고 그 앞에서 힘껏 뛰는 거야. 그 힘든 걸 다 뛰어
  넘으면 어떤 기분일까?

- 엄청 좋겠지.

- 그치? 그 어려운 걸 해냈으니 엄청 기쁠 거야. 아빠는 네가 그 어
  려운 걸 해내서 엄청 기뻤으면 좋겠어. 네 생각은 어때?

＊＊＊＊＊

장애물 없는 삶이 있을까? 세상에 태어나 처음 만나는 사람
들의 소리에 귀를 기울이기 위해 온 신경을 곤두세우며 집중
해야 하는 아이에게 의사소통은 그 자체가 장애물이 아닌가?

2천 시간 이상 듣고 또 듣다 보니 타인의 말을 이해할 수 있
게 되고, 자신의 생각이나 느낌을 말로 표현하기 시작하면서
새로운 기호를 접한다. 그림인지 문자인지 알지 못하는 아이

는 문자를 소리로 변환시켜 주는 타인을 통해 날마다 조금씩 그림을 문자로 인식하기 시작한다. 얼마나 어려운 일인가. 글을 읽는다는 것은 그저 문자를 음성으로 바꾸는 일이 아니라, 문자에 담긴 의미를 이해하는 일까지 포함하기 때문이다. 문자로 전달된 말을 머릿속으로 그려 보고 글쓴이의 생각을 짐작하는 일은 여간 에너지가 필요한 일이 아니다. 이렇듯 세상과 만나는 과정 하나하나가 배움의 연속이고, 난관은 이어져만 간다.

난관을 뚫고 지나간 후에 알게 된다. 삶에서 마주하는 수많은 장애물을 자기 성장의 밑거름으로 삼는다면 언젠가 저 하늘만큼 커 버린 자신을 발견할 수 있음을. 타인의 도움 없이는 살아갈 수 없는 아이에서 타인에게 도움을 주는 어른으로 성장하는 일은 결국 수많은 장애물을 뛰어넘어야만 가능하다는 것을. 그것이 진짜 자기실현을 위한 유일한 길이라는 것을.

아빠의 말공부

위험에서 벗어나게 해 달라 기도하지 말고

위험에 처해도 두려워하지 않게 해 달라 기도하게 하소서.

고통을 멎게 해 달라 기도하지 말고

고통을 이겨 낼 가슴을 달라 기도하게 하소서.

— 타고르, 「기도」 중에서

66 고생한 만큼
성장할 테니까 99

- 아빠, 나 회장 선거 나갈까?

- 하고 싶으면 해 봐.

- 하고 싶은지는 잘 모르겠어….

- 아빠는 네가 회장 선거에 도전해 봤으면 좋겠어.

- 왜?

- 학급 회장은 힘든 자리거든. 학급자치회 임원으로 학급을 위해
  봉사해야 하잖아. 때로는 귀찮고 어려운 일도 있을 거야.

- 그럼 하지 말까?

- 아니, 그래서 해 봤으면 좋겠어.

- 고생하는데 왜 해 봤으면 좋겠어?

- 그만큼 네가 성장할 테니까. 더 많은 사람들을 위해 고민하고 집중해야 하잖아. 학급자치회 임원이 아니라면 그런 고민을 할 기회가 많을까?

* * * * *

아이가 6학년 마지막 학기에 학급 회장이 되겠다고 나섰다. 나는 아이에게 학급 친구들을 위해 할 수 있는 일을 고민해 보라고 했다. 아이는 두 가지 공약을 만들었다.

첫째, 신청곡을 받아 매주 월요일 점심시간에 틀어 주기.

둘째, 매달 1회 퀴즈 예능 프로그램 형식을 빌려 퀴즈, 추리, 상식 등의 문제를 내기.

마지막까지 자신의 공약을 지키기 위해 퀴즈와 상식 책을 뒤적이며 애쓰고 노력한 아들에게 말해 주었다. 고생한 만큼 성장한 것 같다고.

남을 아는 사람은 지혜로운 사람이지만,
자기를 아는 사람은 더욱 현명한 사람이다.
남을 이기는 사람은 힘이 있는 사람이지만,
스스로를 이기는 사람은 더욱 강한 사람이다.

— 노자, 「안다는 것」 중에서

66 좋게 기대해야
하지 않을까? 99

– 재민아, 야채 빼 줄까?

– 아니, 괜찮아.

– 당신은 재민이를 어떻게 생각하는 거야?

– 내가 왜?

– 왜 '빼 줄까' 하고 물어본 거야?

– 그거야 야채를 잘 안 먹으니까.

– 지금까지 야채를 잘 안 먹었으니 앞으로도 안 먹을 거라고 생각
  한 거야?

– 그렇지.

– 재민아, 네 생각은 어때? 어제까지 안 먹었다고 앞으로도 안 먹

게 될까?

- 아니, 그건 아닌 거 같은데.

- 그렇지? 치즈 좋아하던 재아가 지금은 잘 안 먹잖아.

- 맞아. 식성은 변하는 것 같아.

- 사람이 그래. 누구나 어떻게 변할지 알 수 없어. 그렇다면 좋게 기대해야 할까, 나쁘게 기대해야 할까?

- 좋게 기대해야 하지 않을까?

* * * * *

일찍 일어나서 씻고 밥을 먹고 양치하는 일보다, 늦게 일어나서 안 씻고 대충 먹고 양치 안 하는 것이 더 쉽다. 매일 학교에 가고, 숙제를 밀리지 않으며, 책을 가까이 하는 것보다 결석하고, 숙제 밀리고, 책을 멀리하는 일이 더 많다. 그만큼 좋은 행위에는 노력이 필요하다는 뜻이다.

아이가 스스로 노력하도록 이끌려면 아이의 노력이 타인에게 긍정적인 영향을 주었다는 느낌을 주어야 한다. 아이를 노력하는 사람으로 여긴다는 느낌, 아이의 행위가 타인에게 좋은 영향을 주었다는 느낌을. 보상은 이를 가로막는다. 대가 없이 움직이지 않을 거라고 여기게 하여 대가를 보고 나서 노력을 지속할지 말지 결정하게 만들기 때문이다.

따라서 긍정적인 정체성을 심어 주는 것이 좋다.『설득의 심리학』으로 유명한 로버트 치알디니Robert B. Cialdini 등의 연구에 이런 내용이 있다. 어른에게 "바른 글씨를 쓰는 것이 얼마나 중요한지 잘 이해하는 아이구나."라는 말을 들은 초등학생은 3일에서 9일 후에 스스로 글씨 연습을 할 가능성이 높아진다는 것이다. 아이의 정체성을 심어 주는 말이 아이의 행동을 어떻게 바꿔 놓는지 생각해 볼 만한 연구인 셈이다. 그렇다면 아이에게 이런 말들을 해 줄 수 있지 않을까?

"아빠가 스마트폰을 보는데도 책을 읽는 것을 보니 너는 정말 책을 좋아하는 아이구나. 아빠도 너처럼 책을 가까이 하는 사람이 되어야겠다."

"문을 잡아 주며 뒷사람을 배려할 줄 아는 아이구나."

"게임 시간 약속은 지키기 어려운데 지켜 내는구나."

"놀기 전에 숙제부터 하는 아이구나."

"깨우기 전에 스스로 일어나는 아이구나."

"에스컬레이터(혹은 엘리베이터) 대신 계단으로 다니는 건강한 아이구나."

물론 아이들은 책을 안 읽는 순간이 더 많고, 게임 시간 약속을 어길 때가 많다. 노느라 숙제를 잊어버리는 일이 많다. 깨우기 전에 일어나는 일도 거의 없다. 계단보다 에스컬레이터를 이용하는 일이 다반사다. 그러다가 가끔씩, 잘하는 순간이 있다. 기대에 미치지 못하는 순간은 오래 지속되는 반면, 기대 이상의 모습을 보이는 순간은 찰나에 그친다.

좋은 행위는 주목하고, 관심을 기울이고, 격려하면서 그 지속의 시간과 영역을 넓혀 간다. 부모가 아이의 어떤 모습에 관심을 기울이느냐에 따라 아이가 자신을 어떤 모습으로 바라보느냐가 달라질 수 있다. 따라서 칭찬과 격려는 아이가 노력하는 과정에 대하여 공개적으로 해 주는 것이 좋다. 그것이 아이에게 긍정적인 정체성을 심어 줄 수 있다.

아빠의 말공부

" 너희를 위해
건강해지려고 "

- 아빠는 운동하는 거 안 힘들어?

- 힘들지.

- 근데 왜 해? 숙제야?

- 그렇지. 숙제지.

- 그 숙제 검사는 누가 해?

- 아빠가 하지.

- 아빠가 아빠한테 내 준 숙제야?

- 그렇지.

- 왜 그렇게 힘든 숙제를 냈어?

- 너희를 위해서.

- 아빠가 하는 운동이 왜 우리를 위해서야? 아빠를 위해서 하는 거 아니야?
- 아빠가 건강해야 너희가 걱정하지 않을 테니까.
- 그럼 우리가 걱정할까 봐 운동하는 거야?
- 그렇지. 아빠가 건강해야 가족들 마음도 편안하잖아.

* * * * *

우리나라 노인의 빈곤율과 자살률은 세계 최고 수준이다. 정년이 지난 노년층의 일자리는 거의 존재하지 않는다. 국민 연금을 받아야 할 세대는 국민연금을 납부해야 할 젊은 세대에 기대어 살아야 하는 것이 현실이다. 아이들 입장에서도 부담스럽다. 제 한 몸 추스르며 살기도 어려운 세상에 부모의 인생까지 책임지는 일이 가능할까? 결국 부모는 부모의 삶을, 아이들은 자신의 삶을 살아가야 한다.

만으로 20세가 되면 사람들은 '성인(成人)'이라 부른다지만 실제 뇌 발달 연구에 따르면 이십대 중반에서 삼십대 초반이 되어야 성인이라 부를 수 있다. 인지발달의 정점에 다다른 후 서서히 하강 곡선에 이르기 때문이다. 바꿔 말하면 성장이 아닌 쇠퇴의 시기가 시작되는 것이다.

사람의 노화에 영향을 미치는 요인을 꼽으라면 크게 다섯 가지를 들 수 있다. 식사, 수면, 운동, 독서, 대화. 잘 먹고, 잘 자고, 잘 뛰고, 다양한 분야의 책을 읽고, 다양한 계층의 사람들과 마음을 나누는 대화를 나눌 수 있다면 건강하게 오래 살 수 있다.

아이들이 온전한 한 인간으로서 자기 삶을 스스로 개척해 간다면 그것이 바로 효도가 아닐까 생각한다. 부모의 신체적·인지적·정서적 도움 없이도 스스로 건강한 식사, 수면, 운동, 독서, 대화를 실천해 갈 수 있는 힘을 기르는 것이 교육이자 양육의 목적이며, 그 힘이 아이들을 홀로 서게 하고, 모두가 함께 행복한 사회를 만드는 바탕이 될 테니까.

체벌 대신 대화하는 아빠

2017년 보건복지부 조사에 따르면 아이를 키우면서 체벌은 어쩔 수 없다고 여기는 어른들이 68.7%였다. 10명 중 7명은 여전히 체벌이 필요하다고 여기는 셈이다. 아이가 부모의 말을 듣지 않으니 벌을 주어서라도 듣게 해야 할까?

철학자 테오도르 아도르노Theodor W. Adorno에 따르면 사소한 잘못에도 가혹한 벌을 주고 수치심을 느끼게 하면 아이는 강한 사람에게는 금방 굴복하고, 약한 사람에게는 공격적인 성격이 된다고 한다.

강자의 위치에 있는 부모가 힘(체벌)으로 자신을 통제하는 태도를 그대로 학습해서, 자신보다 약자의 위치에 있는 사람을 힘으로 통제하려 하기 때문이다. 하지만 부모나 권위적인 사람(특히 자신보다 힘이 세거나 체구가 큰 교사)에게는 적대감을 드러내지 않는다. 적대감을 드러내는 순간 더 심하게 체벌을 당하거나, 자신에게 가혹한 부모 혹은 교사를 미워하는 마음과 그래도 사랑하고 존경해야 한다는 마음이 서로 충돌하기 때문이다. 따라서 부모나 교사는 아이의 권위적인 태도를 알아채지 못한다. 내 아이, 우리 반 학생이 그럴 리 없다고 주장하는 부모나 교사들의 생각이 틀린 이유다.

체벌의 악영향은 여기서 그치지 않는다. 인지적 자기조절과 관련이 깊은 뇌 부위를 '해마'라고 한다. 해마의 발달과 기능을 가로막는 것이 '코르티솔'이라는 스트레스 호르몬이다. 적당한 양의 코르티솔은 학습에 효과적이지만, 지나친 양의 코르티솔에 장시간 노출되면 오히려 해가 된다.

예를 들어, 시험 불안이나 부모의 체벌처럼 지나친 긴장은 해마를 위축시켜 평상시라면 잘 기억나던 것도 생각나지 않게 만든다. 더구나 체벌이 빈번하다면 가장 믿고 기대야 할 부모로부터 거절당하는 느낌을 받는 셈이다. 더 나은 아이로 만들려는 체벌이 오히려 아이의 성장을 가로막는 중요한 원인이 되는 것이다.

그렇다면 어떻게 해야 대화가 가능해질까? 먼저 인정해야 한다. 아이도 나와 같은 사람임을, 아니 나보다 미성숙한 사람임을 인정해야 한다. 또 아이의 발달단계와 상황을 이해해야 한다.

'자기결정이론'이라는 것이 있다. 인간은 누구나 스스로 하고 싶어 하고(자율성), 잘하고 싶어 하고(유능성), 타인과 좋은 관계를 맺고 싶어 한다(관계성)는 것이다. 그 증거가 바로 거짓말이다. 남에게 좋은 사람으로 보이고 싶어 하기 때문에 자신의 잘못을 감춘다. 잘못을 감춘다는 것은 잘못을 알고 있다는 증거이기도 하다. 하지만 잘못을 감출수록 불안해진다. 감춘 잘못이 많으면 많을수록 불안은 더욱 커지고, 불안이 커질수록 아이는 고통스럽다. 어떻게 해야 아이가 스스로를 위해 거짓말을 하지 않게 될까?

인정해 주는 것이다. 실수할 수 있다고. 잘못할 수 있다고. 대신 다음에 더 노력하기를 기대한다고 말해 주는 것이다. 아이가 스스로 걷기 위해서는 2, 3천 번을 넘어져야 한다고 했다. 아무리 작은 일이라도 스스로 해내기 위해서 아이는 얼마나 실수하고, 얼마나 잘못해 봐야 할까? 그것을 인정하고 지켜봐 주는 사람이 바로 부모여야 하지 않을까?

아이에게 신체적 체벌을 가하는 대다수가 바로 부모다. 특

아빠의 말공부

히 아빠의 체벌은 아이와의 관계 개선에 치명적이다. 왜 그럴까? 아이와 함께하는 시간이 적기 때문이다. 평상시 좋은 관계를 만들 만큼의 시간도 함께 보내지 못한다.

2015 OECD의 「2015 삶의 질」 보고서에 따르면 우리나라 아이들이 부모와 함께하는 시간은 48분으로 OECD 평균 2시간 31분에 한참 못 미쳤다. 그중 아빠와 함께 보내는 시간은 하루 평균 6분이었다. 함께하는 시간이 고작 6분밖에 되지 않는데, 어떻게 아이를 이해할 수 있을까? 어떻게 아이를 안다고 말할 수 있을까? 하루 6분밖에 함께하지 못하는 아빠가 자신을 체벌한다면 아이는 어떤 생각을 하게 될까? 체벌로 상처받은 아이의 마음을 되돌리려면 그 이상의 노력이 필요하지 않을까?

어떠한 경우에도 체벌을 하지 않겠다고 다짐하고 노력하는 부모의 모습을 지켜보는 아이는 어떻게 자랄까? 자신의 속상함을 부모에게 털어놓으며 부모가 없는 곳에서도 힘으로 상대를 제압하려는 강자에게 맞서고, 자신보다 약한 사람을 존중하는 건강한 성인으로 자랄 수 있지 않을까? 체벌 대신 대화로 아이를 키우는 것이 우리 사회를 보다 안전하게 만드는 가장 중요한 일이다.

3장

자기긍정감을
높이는 아빠의 말

" 너를 믿으니까 "

- 휴대전화 바꿔 줄까?

- 진짜?

- 그럼, 진짜지. 뭘로 바꾸고 싶은데?

- ○○○으로 바꾸고 싶어.

- 알았어. 그런데 아빠가 왜 바꿔 주는지 알지?

- 알아. 우릴 믿으니까.

- 그래. 휴대전화보다 뭐가 더 중요하다고?

- 가족.

- 그래. 아빠는 휴대전화보다 네가 중요해. 네가 잘 자라는 게 중

  요하니까. 그럴 수 있지?

– 그럼, 그럼. 아빠 고마워. 믿어 줘서.

* * * * *

맞벌이가정이다 보니 아이가 학교에 입학하자 연락할 수단이 필요했다. 등하교할 때마다 아이와 연락을 주고받으며 아이의 안전을 확인해야 했기 때문이다. 어쩔 수 없이 휴대전화를 사 주면서 고민이 생겼다. 아이들의 휴대전화 사용 시간 때문이다.

아이들에게 휴대전화를 사 주면서 가족회의를 통해 두 가지 규칙을 정했다. 식사할 때 휴대전화 사용하지 않기, 가족끼리 매일 함께하는 시간을 반드시 갖기였다. 아내와도 가능하면 집 안에서는 가족모드로 설정해 놓자고 이야기했다.

요즘 아이들에게 휴대전화는 사람을 대신하는 도구다. 앞서 말했듯, 아이가 타인과 맺는 관계의 정도에 따라 안정 애착과 불안정 애착으로 나뉘는데, 불안정 애착은 제때에 적절한 반응을 보여 주지 않기에 생긴다. 이를 '근접성'과 '민감성(적절한 반응을 포함한)'이라 부른다. 현대사회에서는 아이가 커 갈수록 가까이에서 적절한 반응(원하는 욕구)을 채워 줄 대상이 사람보다 휴대전화일 가능성이 큰 셈이다. 아이 곁에 부모나 친구보다 휴대전화가 함께할 때가 많기 때문이다. OECD 국가 중에서 노동 시간 1, 2위를 다투는 우리나라의 안타까운 모습이다.

휴대전화는 아이의 애착 대상이 아니다. 아이에게 부모가 건강한 애착 대상이 되어 주어야 한다. 건강한 애착 대상이 되려면 함께할 시간이 필요하다는 것을 잊지 말자.

아빠의 말공부

66 너를 성장시키는 일을
잊지 않았으면 좋겠어 99

- 아빠, 나 게임해도 돼?

- 해. 언제까지 할 거야?

- 2시까지.

- 1시간만 하는 거야?

- 응.

- 알았어. 그럼 끝나고 뭐 할 거야?

- 끝나고?

- 게임 하고 나면 뭐 할지 생각해 봐.

- 책 좀 봐야지.

- 1시간 넘은 것 같은데?

- 어? 그렇네?

- 시간 금방 가지?

- 응. 게임할 때는 진짜 금방 가.

- 너는 언제 시간이 느리게 가?

- 공부할 때랑 책 읽을 때.

- 공부하거나 책을 읽는 게 너를 성장시킬까, 게임하는 게 너를 성
  장시킬까?

- 당연히 공부하거나 책을 읽는 거 아니야?

- 그때 시간이 어떻게 간다고 그랬어?

- 느리게 간다고.

- 그래, 같은 시간도 네가 성장하는 시간이니까 천천히 가는 것처
  럼 느껴지는 거야.

- 그래서 시간을 알차게 썼다고 하는 거야?

- 그렇지. 하루를 알차게 쓰려면 어떤 시간이 꼭 필요한 거야. 그렇
  다고 게임을 하지 말라는 건 아니야. 게임을 하더라도 너를 성장
  시키는 일을 잊지 않았으면 좋겠어. 할 수 있지?

* * * * *

게임은 재미있다. 반응이 즉각적이고, 캐릭터를 통제하는 느낌이 유능감을 갖게 하기 때문이다. 반면 공부나 독서는 게임에 비하여 자극이 약하다. 게임의 보상이 즉각적이라면, 공부나 독서의 보상은 오랜 시간에 걸쳐 누적된 후에야 드러난다. 그래서 아이들은 공부보다 게임을 좋아한다. 보상이 즉각적이니까.

하지만 아이의 모든 일상을 함께할 수 있는 부모는 없다. 부모는 부모의 삶을, 아이는 아이의 삶을 살아야 한다. 부모가 없을 때도 아이는 자기 성장에 도움이 되는 활동을 해야 한다. 그 믿음과 신뢰는 어떻게 쌓아야 할까? 여기서 세 가지를 생각해 보아야 한다.

리처드 라이언Richard Ryan과 에드워드 데시Edward Deci가 말한 자기결정성 이론self-determination theory인데, 인간의 생존을 위해 의식주가 필요하듯이 성장과 행복을 위해 마음과 정신에도 필수적인 요소가 있다고 주장한 이론이다. 자기결정성 이론에서는 자율성(자기결정성), 유능성, 관계성을 제시한다. 자율성은 자신의 행동을 스스로 통제하는 것을 말하며, 유능성은 자신이 능력 있는 사람이라는 믿음을 갖는 것을 의미하며, 관계성은 타인과의 친밀한 관계를 추구하는 것을 말한다.

세 가지 요인을 바탕으로 생각해 보자. 먼저 게임 시간은 누가 정해야 할까? 그렇다. 아이다. 아이가 스스로 게임 시간을 정하도록 해야 한다. 1시간이든 2시간이든 스스로 시간을 정하고 지키도록 해야 한다. 아이의 자율성을 존중하는 것이다.

시간이 다 되었음에도 게임을 멈추지 않는다면 어떻게 해야 할까? 스스로 정한 약속을 지키지 못하는 것에 실망을 표시한다. 이 역시 아이의 자율성과 관련이 있다. 게임을 멈추는 것은 부모가 아니라 아이 자신이어야 하기 때문이다. 게임을 멈추면 다시 이야기한다. 다음에는 자신과의 약속을 꼭 지켜 주기를 바란다고. 누가 보지 않아도 자신의 행위를 자기 자신이 가장 잘 알고 있기 때문이다. 이 내적 자아를 일깨우는 것이 부모가 없을 때도 아이가 스스로 자기 성장을 위해 노력하게 만든다.

돈이 생기면 우선 책을 사라.

옷은 해지고, 가구는 부서지지만

책은 시간이 지나도 여전히 위대한 것을 품고 있다.

텔레비전에 너무 많은 시간을 빼앗기지 마라.

그것을 켜기는 쉬운데,

끌 때는 대단한 용기가 필요하다.

— 작자 미상, 「행복의 문을 여는 열쇠들」 중에서

66 너는 어떻게
화를 풀고 싶어? 99

- 아빠도 담배 피운 적 있어?

- 응, 하지만 지금은 끊었어.

- 왜 피웠는데?

- 음… 화를 푸는 법을 몰랐거든.

- 그럼 화를 풀려고 담배를 피운 거야?

- 그런 셈이지.

- 그런데 왜 끊었어?

- 너희 때문에. 아니다, 아빠 때문이다.

- 무슨 말이야?

- 너희한테 담배 냄새를 맡게 하기 싫었거든. 너희 건강에 나쁘니

까. 그런데 끊어 보니까 아빠 건강에 더 좋더라고.

- 그럼 이제 화는 어떻게 풀어?

- 매일 조금씩 운동을 하다 보니 아빠가 건강해지는 것 같아서 기분이 좋아지니까 화가 덜 나는 것 같아.

- 담배 피는 것보다 낫네?

- 그럼. 너는 어떻게 화를 풀고 싶어?

* * * * *

나는 교사가 된 이후에도 담배를 피웠다. 내가 담배를 피우고 학교에 가면 아이들은 귀신같이 알아챘다. 아이들에게는 담배를 멀리해야 한다고 말해 놓고 정작 나는 담배를 가까이 했던 것이다. 점점 담배를 피우는 것이 부담스러워졌다. 아이들 눈치를 봐야 했기 때문이다.

해가 갈수록 졸업한 아이들이 늘어 갔고, 어디를 가건 내가 가르친 아이들을 만날 위험(?)에 놓였다. 제자들 앞에서 담배를 피우는 내 모습을 보이는 것이 부끄러웠다. 내가 담배를 피운다면 아이들 역시 담배를 피워도 된다고 생각할 테니까.

게다가 가끔씩 초등학생임에도 흡연하는 아이들이 나타났다. 혼을 내 봐야 그때뿐일 것이 뻔했다. 차라리 흡연이 어떤 영향을 미치는지 이야기해 주는 게 나았다. 그러려다 보니 내가 먼저 금연을 해야 했다. 자료를 찾아서 공부할수록 금연은 나이 들어가는 나에게도 도움이 된다는 것을 깨닫게 되었다. 아이들에게 알려 준 내용은 다음과 같다.

첫째, 담배를 피우는 청소년의 IQ가 피우지 않는 청소년보다 낮았다. 특히 하루 한 갑 이상 피우는 사람의 지능은 대략 90 정도였다. 고등학교를 졸업하고 대학생이 되어서 흡연을 시작해도 역시 같은 연령대의 비흡연자보다 지능이 낮았다. 흡연 자체가 지능에 악영향을 미친 것이다.

둘째, '코티닌'이란 니코틴의 대사산물이 가장 높게 나온 아이의 읽기, 수학 등의 평가 검사 결과는 같은 또래 중에서 가장 낮았다. 2, 3차 간접흡연 역시 아이의 인지발달에 악영향을 준다는 것이다.

셋째, 니코틴에 노출되면 세로토닌을 만들어 내는 신경이 손상되어 세로토닌의 분비가 줄어든다. 사춘기 때에 뇌신경에서 불필요한 신경 연결의 가지치기가 일어나는데, 세로토닌 생성 신경이 손상되면 성인이 되었을 때 복구가 어려울 것

아빠의 말공부

으로 추정된다. 10대에 많은 흡연을 한 사람의 우울증 빈도가 높은 이유라고 학자들은 추측하고 있다. 흡연이 인지발달뿐만 아니라 정서에도 악영향을 주는 것이다.

넷째, 니코틴을 장기간 흡입하면 알코올에 대한 내성이 생겨서 비흡연자에 비해 알코올의존증에 걸릴 가능성이 10배나 높다고 한다. 알코올은 수면의 질을 떨어뜨리고, 낮아진 수면의 질은 다시 기억력을 낮추며, 우울증 빈도를 높인다. 악순환이 반복되는 것이다.

이와 같은 정보를 알려 주고 아이들에게 물었다. 어떤 사람이 되고 싶냐고. 자신이 가진 빛나는 가능성을 낮추는 담배를 가까이하고 싶냐고. 아이들에게 묻다 보니 결국 나 자신에게 묻는 질문이었다. 아빠가 흡연을 통해 아이에게 니코틴을 노출시키면 아이의 지능과 학업 성적을 낮추고, 우울증과 알코올의존증에 걸릴 가능성을 키우는 셈이니까. 금연은 교사이자 아빠로서 아이들에 대한 책임감의 문제였음을 크게 깨달았고, 나는 담배를 피우지 않는 사람이 되었다.

" SNS보다
중요한 것 "

- 하하하하!

- 뭐가 그렇게 재미있어?

- 카톡.

- 누구랑?

- 친구들이랑.

- 무슨 이야기를 하는데?

- 그냥 아무 얘기.

- 아빠가 말 시켜서 귀찮지?

- 아냐. 아빠, 미안해.

- 아니야. 아빠도 가끔 그러니까. 하지만 SNS보다 중요한 게 뭐라

고 그랬지?

- 가족.

- 맞아. 아빠도 그걸 잊지 않으려고 늘 노력해.

＊ ＊ ＊ ＊

채팅은 타인과의 연결이다. 요즘은 '오픈채팅방'이라는 불특정 타인과의 채팅에도 선뜻 나서는 아이들이 늘고 있다. 아이들은 자신의 고민을 털어놓을 대상으로 자신이 알지 못하는 타인을 선택했다. 부모도 아니고, 친구도 아니고, 교사도 아니었다. 내가 염려하는 첫 번째 지점이다. 자신의 고민을 들어줄, 자신의 어려움을 알아줄 믿을 만한 타인의 부재. 그 공간에서 건강하고 성숙한 상대를 만나기는 쉽지 않다.

SNS는 사회적 연결망이다. 타인과 연결되어 있다는 느낌을 갖게 한다. 페이스북 관련 연구 중에는 페이스북의 이로운 점으로 사회적 지지를 꼽고 있다. 물리적인 공간 속에 함께 있다는 느낌을 주는 사람이 없기에 선택한 곳이 바로 SNS일 수 있는 것이다. 특히나 학교에 등교하지 못하는 상황이 되면 아이들은 더욱 SNS에 빠져들기 쉽다.

아이들의 주요 의사소통 수단이 된 SNS는 오롯이 문자로

의사를 전달한다. 그러다 보니 왜곡과 오해가 잦다. 어른에 비해 아이들의 언어적 표현이 미숙하다 보니 오해가 더 빈번하다. 왜곡과 오해는 상상 속에서 더욱 커진다. 미성숙한 타인과 주고받은 말을 부정적으로 해석하기를 반복하면서 고통은 커진다. 더구나 친밀한 관계라 여긴 친구들과의 갈등이라면 고통은 배가 된다. 또래집단에서 소외되는 사회적 고통은 사춘기일수록 커진다.

어떻게 해야 아이들이 어려운 일을 만났을 때 불특정 타인이 아닌 부모나 교사를 찾게 할 수 있을까? 아이가 부모나 교사를 신뢰해야 가능하지 않을까? 그렇다면 어떤 부모나 교사를 신뢰할까?

첫째, 오해나 갈등을 현명하게 해결하는 모습을 보여 주어야 한다. 부모가 가족 간의 사소한 갈등에도 화를 내고, 아이의 이야기에 귀를 닫고 체벌로 일관하거나, 아이와 갈등이 있는 친구들을 직접 찾아가 일을 키우는 모습을 보이면 아이는 어떤 생각을 하게 될까? 부모나 교사가 문제해결 능력이 부족하다고 여기지 않을까?

둘째, 부모 역시 자녀에게 고민을 털어놓는 것이다. 가족에게는 사소하지만 중요한 고민들이 많다. 이를 감추지 말고, 아이에게 부모의 입장에 서 보게 하고, 아이의 생각을 들어 보는 것이다. 이는 아이에게 부모가 자신을 동등한 인격체로 대하며 신뢰한다는 느낌을 줄 수 있다.

우리 아이들은 게임이나 SNS를 통해 타인과 소통하고 만난다. 어제의 나와 오늘의 나를 비교하기보다 랜선 너머 타인과 자신을 비교하는 데 익숙하다. 그러다 보니 상대적 박탈감에 시달리고, 이로 인해 타인을 시기, 질투, 증오하다 보면 결국 아이는 자신의 장점은 보지 못하고, 자기 성장을 위한 노력을 하지 않게 된다.

자신보다 성숙한 타인과 교류할 기회가 없는 아이들은 성숙한 방법으로 소통할 기회를 얻지 못한다. 따라서 아이들의 미성숙한 행위를 함부로 재단하기에 앞서, 아이들이 성숙한 사람으로 성장할 기회를 주는 것이 먼저다. 교사와 부모가 함께 아이들의 삶에 관심을 기울이고, 격려하고, 응원해야 하는 수많은 이유 중에 하나가 아닐까 생각한다.

66 특별하다고
뛰어나지는 않아 99

- 아빠, 난 왜 잘하는 게 없을까?

- 없으면 안 돼?

- 누구나 특별하다며?

- 그럼. 누구나 전부 다르니까.

- 그럼 나도 나만 잘하는 게 있어야 하는 거 아니야?

- 특별하다는 건 잘하는 게 있다는 걸 말하는 게 아니야.

- 그럼 뭐야?

- 너만이 가진 세상에 태어난 이유가 있다는 거야.

- 세상에 태어난 이유? 그게 뭔데?

- 그건 아빠도 모르지.

아빠의 말공부

- 그럼 나는 어떻게 알아?

- 그건 앞으로 네가 찾아 나가야지.

* * * * *

긍정심리학으로 유명한 크리스토퍼 피터슨Christopher Peterson과
마틴 셀리그만Martin Seligman은 다양한 문화에서 소중하게 여겼던
수십 개의 성격적 강점들을 추출하여 보편성, 행복공헌도, 도
덕성, 타인에의 영향, 반대말의 부정성, 측정가능성, 특수성,
모범의 존재, 결핍자의 존재, 풍습과 제도 등의 열 가지 기준에
따라 세밀하게 검토하여 여섯 개의 핵심 덕목(지성, 용기, 인간애,
정의, 절제, 초월성)과 스물네 개의 강점(창의성, 호기심, 개방성, 학구열,
지혜, 용감성, 끈기, 진정성, 활력, 사랑, 친절, 사회지능, 관용, 겸손, 신중함, 자
기조절, 시민의식, 고정성, 리더십, 심미안, 감사, 낙관성, 유머, 영성)으로 구
성된 분류 체계를 구성하였다. 그리고 사람은 누구나 이 가운
데 다섯 가지를 자신의 대표 강점으로 쓴다고 했다.

아이가 공부를 잘한다는 것에 초점을 맞추기보다 아이가
어느 영역에서 장점을 발휘하는지 지켜보아야 한다는 뜻이다.
아이 곁에서 오랫동안 지켜보며 아이가 장점을 발휘하는 영역
을 알아줄 수 있는 사람은 교사일까, 부모일까? 교사는 기껏해

야 일 년을 함께한다면, 부모는 아이와 수십 년을 함께하는 사람이다. 따라서 아이가 재능을 보이는 영역의 노력을 지속하도록 이끄는 것이 부모의 역할이다. 그래서 아이를 대할 때 늘 두 가지를 염두에 두려고 노력한다.

첫째, 어떻게 하면 스스로 노력하게 할까?
둘째, 어떤 것을 하고 싶어 하는가?

아이가 관심을 보이는 것을 시도해 보도록 하고, 조금이라도 성취를 이루기 위해 노력한다면 그 순간을 칭찬한다. 사람마다 뛰어난 재능을 보이는 영역이 다르다. 누구는 말하기를, 누구는 듣기를, 누구는 노래를, 누구는 그림을, 누구는 운동을 잘한다. 노래를 부르지 못해도 악기를 잘 다룰 수 있고, 악기를 잘 다루지 못해도 청음을 잘할 수 있다. 그림을 못 그려도 그리는 것에 재미를 느낄 수 있고, 운동신경이 없어도 운동을 좋아하고 즐길 수 있다. 아이가 잘하고 못하는 것보다, 조금이라도 성취를 경험하고 노력을 지속하도록 격려하는 것이 아이를 위한 일이다.

마음속의 풀리지 않는 모든 문제들에 대해
인내를 가져라.
문제 그 자체를 사랑하라.
지금 당장 주어질 순 없으니까.
중요한 건
모두를 살아 보는 것이다.
지금 그 문제들을 살아라.
그러면 언젠가 먼 미래에
자신도 알지 못하는 사이에
삶이 너에게 해답을 줄 테니까.

— 라이너 마리아 릴케, 「젊은 시인에게 주는 충고」

66 최선을 다했을 때 이겨야
진짜 기쁘지 99

– 이겼다!

– 다시 해!

– 왜… 왜 울어? 아빠한테 져서 속상해?

– ….

– 아빠가 져 줬으면 좋겠어?

– ….

– 아빠가 최선을 다했을 때 이기는 게 기쁠까, 져 줘서 이기는 게 기
  쁠까?

– 최선을 다했을 때….

아이와 팔씨름을 자주 했다. 자신보다 힘이 센 아빠를 이기는 것이 자신의 유능함을 확인하는 길이어서 그랬는지 아이도 무척 좋아했다. 가끔 일부러 져 주기도 했지만 대부분 이겼다. 그러고는 운동을 열심히 하면 아빠를 이길 수 있을 거라고 이야기했다. 내가 아이 노력의 목표가 되어 주고 싶었기 때문이다.

아이는 커 가면서 하나씩 나를 넘어섰다. 기기를 다루는 속도가 나보다 빨라졌고, 각종 게임은 더 이상 상대가 되지 않았다. 난 언제나 최선을 다했고, 아이 역시 최선을 다해 맞섰다. 최선을 다한 상대에게 이기는 것과 져 주는 상대에게 이기는 것, 아이는 어떤 상황이 상대를 존중하는 태도라고 생각할까? 나의 아이들이 앞으로 만나게 될 그 누군가를 진심으로 존중하며 최선을 다하기를 바란다.

" 계속 배우는 사람이
되기를 바라 "

- 아빠, 공부는 언제까지 해야 하는 거야?

- 너는 어떻게 생각하는데?

- 대학까지 아니야?

- 공부는 하고 싶을 때까지 하는 거야. 그러니까 꼭 좋은 대학에
  가지 않아도 돼. 물론 좋은 대학에 가면 좋지만, 그것보다 더 중
  요한 게 있거든.

- 그게 뭔데?

- 네가 하고 싶은 공부를 찾는 거.

- 하고 싶은 공부?

- 응. 아빠는 지금 하는 공부가 재미있어. 학생들을 가르치는 데

도, 살아가는 데도, 세상을 이해하는 데도 도움이 되거든. 이걸 언제 찾았을까?

- 언제 찾았는데?

- 마흔 살에 찾았어. 이 책, 저 책 읽다가 우연히 알게 되었는데, 공부할수록 재미있더라고. 그래서 계속 공부하는 거야. 너는 재밌는 거 있어?

- 나는 야구, 축구, 노래가 재밌지. 그리고 수학도 재미있어. 하지만 숙제하는 건 싫어.

- 아빠도 숙제는 싫지. 하지만 해야 하는 숙제를 하지 않으면 하고 싶은 걸 할 수 없어.

- 무슨 말이야?

- 아빠가 지금 공부하는 긍정심리학을 알게 된 건 대학을 졸업하고 나서도 계속 공부를 했기 때문이야. 만약 아빠가 공부를 하지 않았다면 알 수 있었을까? 아마 몰랐을 것 같아. 아빠는 그게 정말 다행이라고 생각해. 계속 공부해 온 게.

- 계속 공부하는 거 안 힘들어?

- 힘들지만 재미있어. 성장하고 있다는 느낌이 들거든. 공부를 하다 보면 새로운 것을 알게 되잖아. 그때마다 생각이 넓어지고 깊어지는 것 같아. 한편으로는 아빠가 아는 게 얼마나 적은지도 알게 되어서 겸손해지고.

- 아빠가 모르는 게 많아?

- 엄청 많아. 그래서 공부는 계속 하려고. 계속 성장하고 싶거든. 아빠는 너도 평생 성장했으면 좋겠어. 그러려면 어떻게 해야 할까?

- 계속 배워야겠지.

- 그래. 아빠는 네가 좋은 대학에 가는 사람보다 계속 배우는 사람이 되기를 바라. 그게 너를 행복하게 만들 테니까.

* * * * *

지능의 발달도 키의 발달과 같아서 또래보다 뛰어났던 아이도 나이가 들면서 또래와 비슷하거나 오히려 조금 낮아지기도 한다는 연구 결과가 있다. 지능이란 같은 연령의 아이들을 대상으로 측정한 결과이다. 마치 초등학교 5, 6학년에 하는 체격검사와 같다. 초등학교 5학년 때 가장 컸던 아이가 고등학교에 가서 가장 작은 아이가 될 수 있듯, 지능도 어릴 때 우수했던 아이가 시간이 지날수록 평범해질 수 있다는 뜻이다.

우리의 뇌는 영유아기 및 아동·청소년기를 거치면서 급격히 발달한다. 생각해 보자. 규칙적인 생활과 다양한 교과 학습을 통해 지식을 습득하고, 학급 친구들과 함께 모여 서로의 생각과 느낌을 나누는 경험이 누적된다. 영양사의 식단에 맞춰 급식을 먹고, 주 3회 숨이 찬 운동을 하며, 음악과 미술 등의 예체능 교육을 통해 정서를 함양한다. 교육 그 자체가 인지발달의 필수 요소인 셈이다.

하지만 성인이 되면 이와 같은 환경이 사라진다. 불규칙적인 수면 습관, 자신과 비슷한 직업이나 성향을 가진 집단 속에 갇힌 폐쇄적인 상호작용, 소득과 계층에 따른 문화예술 경험 격차 등은 인간의 성장을 가로막는다.

성인이 되어서도 배우지 않는 사람, 경청하지 않는 사람, 성장하지 않는 사람은 자신이 속한 집단의 발전을 가로막거나 오히려 퇴보시키는 원인이 되어 버린다.

내 아이가 어른이 되어서도 배움을 지속하기를, 타인의 생각과 목소리에 귀를 기울이기를, 건강한 삶을 지속하기를 바라는 이유는 학벌이 아닌 학력(배우는 힘)이 아이를 삶의 마지막까지 행복하게 만들 것이라는 확신 때문이다.

❝ 좋은 사람이 되었으면 좋겠어 ❞

- 아빠, 성공한 인생이 뭐야?

- 그런 말은 어디서 들었어?

- 친구가 자기 아빠한테 들었대. 자기처럼 성공한 인생을 살라고.

- 네가 생각하는 성공은 뭐야?

- 좋은 대학에 가는 거 아니야?

- 글쎄. 아빠 생각은 좀 다른데.

- 아빠는 뭐라고 생각하는데?

- 좋은 사람이 되는 게 성공이라고 생각해.

- 좋은 사람이 뭔데?

- 자기가 있는 곳이 어디든 행복하게 만드는 사람이지. 그럼 실패

한 인생은 뭘까?

- 실패한 인생도 있어?

- 성공한 인생이 있으면 실패한 인생도 있겠지.

- 그럼 실패한 인생은 뭐야?

- 나쁜 사람이 되는 거지. 자기가 있는 곳을 불행하게 만드는 사람
  이지.

- 예를 들어서?

- 서로를 믿지 못하는 거. 서로를 의심하고, 비난하고, 자기 이익만
  챙기게 만드는 게 불행이지.

- 그럼 나는 좋은 사람이 되고 싶어.

- 좋은 사람이 되려면 늘 배워야 하고, 실천해야 해. 남을 이해하
  고 배려하려면 상대방의 이야기를 들어야 하거든.

- 그게 배우는 거야?

- 그렇지. 남의 이야기에 귀 기울이는 게 배움의 기본이거든. 그래
  서 수업 시간에 누구의 이야기에 귀를 기울여?

- 선생님 이야기에 귀를 기울이지.

- 그런데 배운 대로 실천하는 게 쉬워?

- 아니, 어려워.

- 그래. 좋은 건 배우기도 어렵지만 실천하기도 어려워. 매일 다양
  한 분야의 책을 읽고, 꾸준히 운동하고, 하고 싶은 말을 참고 남

의 이야기에 먼저 귀 기울이는 게 쉬울까? 그것도 매일 실천하는
건 얼마나 어려울까?

- 엄청 어렵겠지.

- 그 어려운 걸 해내니까 좋은 사람이라 부르는 거야. 아빠는 네가
그 어려운 걸 해내고, 꼭 좋은 사람이 되었으면 좋겠어.

* * * *

어릴 때 "커서 뭐가 되고 싶니?"라는 질문을 참 많이 받았
다. 하지만 부모가 되어 돌아보니 무엇이 되느냐보다 어떻게
사느냐가 더 의미 있게 다가왔다. 어떤 직업을 얻느냐보다 어
떤 삶을 사느냐가 훨씬 중요하게 여겨졌다.

이제 우리나라 성인은 평생 5~6가지의 직업을 갖는다고 한
다. 첫 직장이 평생직장이 되던 시절은 지나간 지 오래다. 의사
를 하다가 음악가가 되기도 하고, 가수를 하다가 세일즈맨이
되기도 하며, 공장에 다니다가 개그맨이 되기도 한다. 사람의
진로란 한 치 앞을 알 수 없다. 주어진 상황과 자신의 조건에
맞추어 끊임없이 배우고 적응하며 스스로를 성장시켜야 한다.
이를 다른 말로 '적응유연성'이라고 부른다.

적응유연성은 사전적 의미로는 다시 돌아오는 경향, 회복

력, 탄력성으로 표현된다. 이것은 역경이나 어려움 속에서도 본래의 기능 수행으로 다시 회복한다는 의미이기 때문에 전혀 상처를 받지 않는다는 개념은 아니다. 비록 역경을 만나서 자신의 능력과 힘을 잃을지라도 이전의 적응 수준으로 회복할 수 있는 능력을 의미한다.

세상은 끊임없이 변화하고 있다. 아이들이 살아갈 세상과 내가 살아온 세상은 다르다. 따라서 내가 살아온 세상을 기준으로 아이들의 미래를 판단해서는 안 된다. 이제는 아이가 아빠보다 현명해져야 한다. 아이의 판단을 존중하고, 판단의 근거를 물어야 한다. 동등한 인격체로서 같은 눈높이에서 대화해야 하는 것이다.

어떤 삶을 만들 것인가는 전적으로

너에게 달려 있다.

필요한 답은 모두 네 안에 있다.

— 체리 카터 스코드, 「삶이 하나의 놀이라면」 중에서

" 좋은 학교가
어디야? "

- 아빠, 좋은 학교가 어디야?

- 좋은 학생이 많은 학교겠지?

- 좋은 학생? 공부 잘하는 애들이 많은 학교가 좋은 학교야?

- 아니. 배우려는 마음을 가진 아이들이 많은 학교가 좋은 학교야.

- 공부 잘하면 배우려는 마음을 가진 거 아니야?

- 배우려는 마음은 성적으로만 드러나는 게 아니거든.

- 그럼 뭘로 알 수 있어?

- 사람을 대하는 태도로 알 수 있어.

- 사람을 대하는 태도? 그걸 어떻게 알아?

- 너희 학교에 누가 일하고 있는지 알아?

- 선생님?

- 또?

- 교장 선생님?

- 또?

- 학생? 또 있어?

- 너 급식 먹잖아.

- 아, 영양사 선생님! 또 있어?

- 영양사 선생님이 너희 학교 아이들 급식을 다 만드실까?

- 그럼 누가 있는데?

- 조리사와 조리종사원이 음식을 만드시지. 그리고 또 있어. 밤에
  너희 학교를 지켜 주는 숙직기사도 계시고, 너희들이 다니는 복
  도와 계단, 화장실을 청소하는 미화원도 계셔.

- 엄청 많네?

- 그럼. 좋은 학생이란 그분들의 고마움을 잊지 않는 학생을 말해.
  그런데 고마움을 잊지 않고 있다는 걸 어떻게 알까?

- 고맙다고 편지를 쓰면 되나?

- 그것도 좋지. 그런데 그것보다 더 중요한 게 있어.

- 그게 뭔데?

- 조리사와 조리종사원은 무엇을 하신다고?

- 급식을 만드시지.

아빠의 말공부

- 그분들이 정성을 다해 급식을 만들어 주셨으니 너는 어떻게 보답하면 될까?
- 급식을 잘 먹어야겠지.
- 미화원은 뭘 하신다고 했지?
- 청소를 해 주셔.
- 너희를 위해 깨끗이 청소를 해 주셨으니 어떻게 보답하면 될까?
- 깨끗이 써야지.
- 그래. 좋은 학생은 그분들의 노고에 고마워할 줄 알고, 그 고마움에 보답하려고 노력하는 학생을 말해. 너희를 위해 이렇게 많은 분들이 고생하고 계시다는 것을 알고 있었어?
- 아니, 몰랐어.
- 좋은 학생은 다른 사람들이 어떤 노력을 하고 있는지 알고 배우려는 마음을 가진 학생을 말하는 거야. 그런 학생이 많은 학교가 좋은 학교야.
- 그래서 좋은 학교가 어디야?
- 그건 네가 있는 학교 아닐까?

＊ ＊ ＊ ＊ ＊

불교에는 '예토즉정토(穢土卽淨土)'라는 말이 있다. 내가 사는 곳이 어디냐가 중요한 것이 아니라, 내가 사는 곳을 어떻게 만드느냐가 중요하다는 뜻이다. 많은 이들이 좋은 학교에 가기를 바라지만 내가 다니는 혹은 근무하는 학교를 더 좋은 학교로 만들겠다는 다짐은 하지 않는다.

내 아이가 다니는 학교는 어떻게 결정될까? 초등학교는 대부분 거주지에 의해 결정되는 반면, 중·고등학교는 각 지역에 따라 다르다. 부모가 원하는 혹은 아이가 원하는 학교에 진학하지 못할 가능성이 점점 커지는 것이다.

바라는 학교에 가지 못한다면 어떻게 해야 할까? 스스로의 불운을 탓하거나 혹은 불합리한 학교 배정에 불만을 가져야 할까? 아이들이 그러한 마음으로 중·고등학생 시절을 보내야 할까? 그런 게 아니라면 어디를 가더라도 내가 있는 곳을 최고의 학교로 만들기 위해 노력하는 아이로 키우는 게 어떨까. 모든 아이들과 교사가 자신이 다니는 학교를 가장 훌륭한 학교로 만들기 위해 노력한다면 학벌보다 학력(배우는 힘)을 더 중요하게 여기는 사회로 가는 길은 더 쉽지 않을까?

66 책도 재미있게
읽었으면 좋겠어 99

- 재아야, 아빠가 고민이 하나 있어.

- 뭔데?

- 너 책 읽는 거 답답하지 않아?

- 답답해. 책 읽는 속도가 느려서.

- 아빠가 봐도 그래. 그래서 네가 자꾸 책보다는 유튜브를 많이

　보는 것 같아. 네 생각은 어때?

- 그런 편이지.

- 오빠 줄넘기랑 훌라후프 하던 거 생각나?

- 응.

- 처음에 잘했어, 못했어?

- 엄청 못했지.

- 그런데 지금은 어때?

- 엄청 잘해.

- 어떻게 잘하게 되었을까?

- 연습해서.

- 그래. 못하니까 배우고 연습했지. 그래서 지금은 잘하게 되었잖아. 그치?

- 응.

- 아빠가 스무 살 때부터 매일 하는 게 있어.

- 그게 뭔데?

- 매일 책 한 쪽 읽기. 하루에 한 쪽 읽는 건 어렵지 않거든. 그렇게 매일 읽다 보면 어느 순간 잘 읽히고, 금방 읽게 되더라고. 그러니 네가 책을 잘 읽고 싶으면 어떻게 해야 할까?

- 조금씩이라도 매일 읽어야겠네.

- 그래. 네가 훌라후프 하는 게 재미있듯이 책도 재미있게 읽었으면 좋겠어.

* * * * *

아이가 스스로 책을 읽었으면 좋겠다, 스마트폰이나 컴퓨터

보다 책을 더 자주 보았으면 좋겠다는 것은 모든 부모의 바람이 아닐까 싶다. 나는 스무 살 때부터 하루 한 쪽 읽기를 매일의 도전 목표로 정하고 실천해 왔다. 한 쪽 읽기는 쉽다. 읽다 보면 두 쪽, 세 쪽을 읽게 된다. 목표를 손쉽게 이룰 뿐만 아니라 초과 달성하게 된다. 그리고 어느 순간 매일 책을 읽는 습관을 얻게 된다.

하지만 모든 책이 다 좋은 것은 아니다. 양서는 영혼을 살찌우지만, 악서는 영혼을 파괴한다는 말이 있다. 따라서 좋은 책과 나쁜 책을 구분할 줄 아는 안목이 필요하다. 특히 아이가 좋은 책을 고를 줄 아는 안목을 얻게 하려면, 스스로 책을 고르는 경험을 많이 해야 한다.

또 책을 읽고, 그 내용에 대해 다른 사람들과 이야기를 나누어야 한다. 자신과 다른 관점을 가진 사람의 생각을 접하는 것은 거울에 비친 자신을 들여다보는 일과 같다. 책을 읽는다는 것과 타인의 이야기에 귀 기울이는 것 모두 내가 가진 생각을 비춰 보는 거울이 되어 준다. 이를 다른 말로 '성찰' 혹은 '반성'이라고 부른다.

책을 읽는다는 건 내가 모르는 것이 많다는 것을 인정하는 겸손이자, 모르는 세상을 알고 싶어 하는 호기심이며, 시대와 지역을 초월한 다른 문명에 대한 존중이기도 하다.

아이들이 책을 가까이 하게 만들려면 무엇보다 부모가 먼저 책을 가까이 하는 모습을 보여 주어야 한다. 아이들에게는 책을 읽으라 해 놓고 막상 부모가 스마트폰이나 TV를 더 가까이 한다면 아이들이 그 즐거움을 어디서 배울 수 있겠는가.

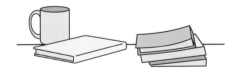

아빠의 말공부

66 다 읽을 때까지
아빠도 옆에 있을까? 99

- 하늘에서….

- 아빠, 조금만 빨리 읽어 주면 안 돼?

- 왜? 너 다 읽었어?

- 응. 다음이 궁금한데 아빠 읽어 주는 게 너무 느려.

- 아, 미안. 아빠가 몰랐네. 그럼 조금 빨리 읽어 줄게.

- 아니야. 그냥 내가 읽을래.

- 그래? 그럼 다 읽을 때까지 아빠도 옆에 있을까?

- 응. 다 읽고 아빠랑 이야기하면서 잘래.

아이들이 어릴 때 잠들기 전에 책을 읽어 주곤 했다. 아이들
과 여러 가지 생각과 느낌을 나누면서 읽기에는 그림책이 좋
았지만, 당시 내 목적은 아이를 재우는 것이었기에 글이 많은
동화책을 고르곤 했다.

아이를 배 위에 올려 놓고 책을 읽다 보니 아이의 심장 소
리가 내 귀에 들리고, 내 심장 소리가 아이에게 들렸다. 서로의
심장 소리에 귀 기울일 수 있을 만큼 조용한 밤에 책을 읽다
보면 나도 모르게 아이와 함께 잠든 적도 많았다.

큰아이와 달리 둘째는 아내가 읽어 주는 것을 좋아했다. 일
정한 톤으로 읽는 것이 재미 없을까 봐 일부러 등장인물의 성
격에 맞춰 읽어 주었는데, 둘째는 그게 싫었던 모양이다. 아이
들에게 책을 읽어 주면서 아이마다 좋아하는 읽기 방식이 다
르다는 것을 알게 된 순간이었다.

그럼 언제까지 책을 읽어 주었을까? 내가 소리 내어 책을
읽는 것보다 아이가 속으로 읽는 속도가 더 빨라지기 시작했
을 때가 아니었나 싶다. 소리 내어 읽어 주고 있는데 아이가
다음 장으로 넘기던 그때, 나는 생각했다. 이제 슬슬 그만 읽어
줘도 되겠구나 하고.

" 잘하는 순간을
기억하려고 "

- 재민아, 잠깐만.

- 왜?

- 아빠가 사진 찍어도 돼?

- 이걸 뭐 하러 찍어?

- 너 잘하는 거 기억해 두려고.

- 왜 기억해?

- 네가 잘할 때도 있고, 못할 때도 있잖아. 그런데 못하는 건 오래

　기억하고, 잘하는 건 금방 잊어버리거든.

- 진짜?

- 너는 누군가 잘해 준 기억보다 그 사람에게 서운한 게 더 잘 기

억나지 않아?

- 그런가?

- 대부분의 사람들이 그렇거든. 아빠도 그렇고. 그래서 네가 잘하
는 순간을 사진 찍어 두고 기억하려고.

* * * * *

아이들을 키우면서 아쉬울 때가 많다. 조금 더 일찍 잤으면,
책을 더 가까이 했으면, 주변은 좀 치웠으면 하고. 그때마다 꾹
참으며 모른 체하고 잔소리를 뒤로 미룬다.

가끔 아이가 잘하는 순간이 있다. 그때마다 사진으로 찍어
둔다. 그리고 회상한다. '맞아, 내 아이는 이런 아이야.' 그리고
아이에게 보여 준다. "너 정말 멋지더라. 아빠보다 나아. 아빠
가 네 나이 때는 이런 거 할 줄 몰랐거든." 아이에게 말하면서
나는 다시 깨닫는다. 그렇다. 아이는 나보다 낫다. 그래서 미래
는 희망적이다.

　　　　　　　　　　　아빠의 말공부

만일 내가 다시 아이를 키운다면
먼저 아이의 자존심을 세워 주고
집은 나중에 세우리라.

아이와 함께 손가락 그림을 더 많이 그리고
손가락으로 명령하는 일은 덜 하리라.

아이를 바로잡으려고 덜 노력하고
아이와 하나가 되려고 더 많이 노력하리라.
시계에서 눈을 떼고 눈으로 아이를 더 많이 바라보리라.

— 다이아나 루먼스, 「만일 내가 다시 아이를 키운다면」 중에서

처음 만나는 정서적 타인, 아빠

10달, 40주, 280일…. 그 긴 시간 동안 아이는 엄마의 배 속에서 자란다. 배 속의 아이는 엄마의 오감을 통해 세상을 접한다. 이때는 아이가 엄마고, 엄마가 곧 아이인 셈이다. 물론 아빠도 아내가 임신을 하면 '프로락틴'이라는 호르몬이 올라가고, 남성호르몬으로 대표되는 '테스토스테론' 수치가 낮아진다. 아빠로서의 행동을 더 잘하도록 신체가 반응하는 것이다.

이와 같은 신체 반응에 비하여 사회의 반응은 어떨까? 통계청이 지난 2020년 12월 22일에 발표한 「2019 육아휴직 통계」 결과에 따르면 출생아 100명 중 여성은 21.4명이었고, 남성은 1.3명이었다. 임신과 출산의 과정은 물론 출생 이후에도 아빠는 아이와 함께 지내지 못한다. 함께 시간을 보내며 어울리는 시간이 절대적으로 적은 것이다.

아이를 자주 안아 주지도 못하고, 매일 눈을 맞추지도 못한다. '옥시토신'이라는 관계 호르몬이 만들어질 기회가 엄마에 비해 적다는 것은 엄마와 자녀라는 '내집단'과 아빠라는 '외집단'으로 나뉠 가능성이 높다는 증거가 되기도 한다. 쉽게 말해서 아이가 아빠에게 가족 구성원으로서의 소속감을 느끼지 못할지도 모른다는 것이다.

가족이라는 친밀하고 신뢰하는 공동체 속에서 아이가 처음으로 마주하는 타인은 바로 아빠다. 열 달 동안 한 몸으로 지내 온 아이와 엄마는 서로를 타인으로 생각하지 않는다. 따라서 아빠는 아이가 세상에 나와 처음 만나는 타인인 셈이다. 그러니 '다른 사람과의 관계'를 아빠보다 더 잘 가르쳐 줄 수 있는 사람은 없다. 가족 이외의 사람을 대하는 법을 아빠를 통해 알게 되는 것이다. 아빠는 아이의 사회생활에 일종의 모델링이 되어 준다. 아빠가 엄마를 대하는 태도, 아빠가 자신의 직업을 대하는 태도, 아빠가 아이와 같은 약자를 대하는 태도를 가까이에서 지켜보기 때문이다.

캐나다 콩코디아 대학교의 연구에 따르면, 아빠가 아이에게 관심을 기울이면 아이의 행동이 긍정적으로 바뀌고, 문제해결 능력도 높아지며, 우울증이나 사회적 위축과 같은 정서 불안도 줄어드는 것으로 나타났다. 또한 영국의 임페리얼 칼리지, 킹스 칼리지, 옥스퍼드 대학교의 공동 연구에 따르면 생후 약 3개월간 아빠와 많이 어울리며 놀았던 아이가 두 살이 되었을 때 더 좋은 점수를 얻는 경향이 있었고, 적극적으로 상호작용할수록 덜 불안해 하고, 집중력도 좋았으며, 언어 능력은 물론 사회성도 잘 발달했다.

한편 『결혼과 가정 저널Journal of Marriage and Family』에 실린 독일과 호주의 공동 연구에 따르면 아빠의 근로 시간이 긴 남자 아이들이 더 공격적이고 비행을 저지르는 경우가 많았다고 하였다. 아빠의 근로 시간이 길어지는 만큼 아이와 함께 지낼 시간이 줄어들고, 아빠의 스트레스가 높아지는 만큼 아이에게 따뜻하게 대할 가능성이 낮아지기 때문으로 추측된다.

물론 아빠 스스로 근로 시간을 줄일 수는 없다. 그것은 우리 사회가 함께 노력해야 할 점이다. 보다 건강한 가정을 만들 수 있는 환경이 조성되어야 부모도 직장에서 최선을 다해 일할 수 있을 테니까. 양육에 참여하는 아빠는 심리적으로나 사회적으로 성숙하고, 삶의 만족도가 더 높다. 당연히 직장 내에서의 업

무 효율성도 높다는 것을 많은 연구들이 증명하고 있다.

그럼 아이가 처음 만나는 정서적 타인으로서의 아빠는 어떤 노력을 해야 할까?

첫째, 사랑한다고 말해야 한다.

아이에게 팔을 벌리고 포옹의 자세를 보여 주어야 한다. 아이가 거절해도 괜찮다. 인간의 사적인 영역을 42센티미터라고 한다. 아빠의 사적인 영역을 팔을 벌려 개방하고 아이를 그 안으로 들이는 포옹은 정서적 타인에게 느끼는 공격성이나 적개심을 없애는 비언어적 신호다. 다시 말해서 사랑한다는 말과 팔을 벌리는 포옹의 자세는 아이를 사랑한다는 적극적인 의사 표시인 것이다. 눈을 마주하고 사랑한다고 말하는 아빠와 포옹을 나누는 아이는 심리적인 안정감을 느끼게 되고, 아빠 자신 역시 가족 안에서 편안함을 얻게 된다.

둘째, 부모는 물론 자녀 모두 집안일에 참여하는 문화를 만들어야 한다.

「2020년 서울시 성인지 통계」에 따르면 맞벌이가정에서 여성의 가사 노동 시간은 121분, 남성의 가사 노동 시간은 38분이었다. 이러한 환경은 집안일을 하는 사람이 여성이어야 한다는 잘못된 성역할을 아이에게 학습시킬 수 있다.

또한 집안일을 부모가 전담하는 것도 아이에게 도움이 되지 못한다. 아이가 자라면서 스스로 할 수 있는 집안일을 조금씩 늘려서 가족 구성원으로서의 책임감과 가사 노동의 가치를 깨닫게 도와주는 것이 향후 사회에 나가서 동료들과 원만한 관계를 유지하는 사람으로 성장하는 밑거름이 된다는 하버드 의대의 생애발달연구Grant Study가 바로 그 증거다. 미래사회의 여러 핵심역량 중 가장 중요하게 여겨지는 것이 바로 협업 능력이다. 가정 내에서 구성원의 한 사람으로서 함께 문제를 해결해 나가는 경험은 아이에게 큰 자산이 된다.

셋째, 좋은 물건을 사 주는 것보다 따뜻한 관심을 보여 주는데 집중해야 한다.

비싼 장난감이나 휴대전화를 사주는 것은 아빠가 아닌 할아버지, 할머니, 가까운 친척들도 해 줄 수 있는 일이다. 하지만 아빠의 따뜻한 관심과 배려를 통한 사랑은 다른 사람이 대신하기 어렵다. 아빠의 역할은 물질로 대신할 수 없는 것이라는 걸 아빠와 함께 지낸 시간의 양과 질이 아이에게 미치는 영향과 관련된다는 많은 연구들이 그것을 증명하고 있다.

아이에게 사랑한다고 말하며, 부부가 함께 가사와 양육에 참여하고, 가족에게 언제나 따뜻한 관심을 보여 주는 아빠가 되는 것은 비싼 돈도, 높은 학벌도, 멋진 직업도 필요 없다. 그저 아이를 사랑하는 아빠면 된다.

4장

소통의 기술을
키우는 아빠의 말

" 자꾸 고맙다고
말하는 이유 "

- 재아야, 고마워.

- 뭐가 고마워?

- 오늘 하루 열심히 수업 들으면서 건강하게 보냈잖아.

- 아빠는 뭐가 그리 고마운 게 많아?

- 많지. 네가 밥 잘 먹는 것도 고맙고, 아침에 일찍 일어나는 것도
  고맙지.

- 그럼 맨날 고맙다고 해야 해?

- 그럼. 고맙다고 말해야 너희가 고마운 일이 뭔지 알게 되고, 엄
  마 아빠도 너희에게 더 고마운 마음이 생기거든.

- 고맙다고 말하지 않으면 몰라?

아빠의 말공부

- 그럼. 고맙다고 말해야 고마운 일이 많다는 걸 알게 되고, 고마운 일이 뭔지 알아야 다음에 고마운 일을 할 수 있거든. 고맙다고 말하지 않으면 다음에 또 하고 싶을까?
- 글쎄.
- 네가 엄마 아빠를 위해 요리를 했는데, 엄마 아빠가 고맙다고 말하지 않으면 또 하고 싶을까?
- 아니.
- 아빠는 너희가 고마워할 줄 알고, 고마운 일을 많이 하는 사람이 되었으면 좋겠어. 그래야 우리 가족이 서로를 위해 고마운 일을 더 많이 할 테니까.

* * * * *

학교는 교원성과급제를 실시하고 있다. 성과를 재는 수단이 공정하려면 가시적 결과가 있어야 한다. 학생의 성장을 눈에 보이는 척도로 측정하는 기준은 두 가지가 있다. 하나는 신체적 성장이고, 다른 하나는 인지적 성장이다. 키, 몸무게 등의 체격 검사와 지구력, 순발력 등의 체력 검사를 통해 신체적 성장을 측정한다면, 인지적 성장은 수행평가나 지필평가 등을 통해 측정한다.

평가는 문항의 난이도에 따라 얼마든지 달라질 수 있다. 따라서 결과만 놓고 교사의 성과를 측정하는 데는 모순이 있는 셈이다. 난이도가 낮은 문제를 내서 학생이 높은 성취를 보인다고 교사의 성과가 높다고 말할 수는 없을 테니까.

더 큰 문제는 신체, 인지와 달리 정서 발달을 재는 측정도구가 없다는 점이다. 초등 1, 4학년 아동을 대상으로 정서행동발달검사를 실시하지만 학생 혹은 학부모가 읽고 응답할 경우 오류가 생길 가능성이 높다. 문항의 의미를 정확히 이해할 만큼 주의를 기울여 검사에 임할 확률이 낮기 때문이다. 무엇보다 학생 정서행동발달검사는 소위 '관심군' 아동을 찾아서 지원하려는 목적이라 건강한 정서 발달의 정도를 가늠하기 어렵다는 문제가 있다.

따라서 대부분의 교사들은 수업 참여도와 또래 관계를 살펴본다. 수업의 참여는 대부분 학습 동기와 관련이 있다. 스스로 배우고자 하는 동기, 이를 '자율성'이라고 한다. 아이가 스스로 배우고자 하는 마음을 일으키고, 이를 지속시키는 것이 교육과 양육의 중요한 목적이라 할 수 있다. 이때 주의 깊게 살펴보아야 할 연구가 하나 있다. 『무엇이 지능을 깨우는가』의 저자 리처드 니스벳Richard E. Nisbett과 자기결정성 이론으로 유명한 라이언과 데시 등에 따르면, 사람들은 자신이 좋아하는 행동을 하고서 물질적 보상을 받으면 흥미를 잃어버린다고 한다. 물질적 보상이 자신을 통제하려는 시도라고 생각하기 때문이다.

아이들도 이와 같다. 행위에 물질적 보상을 연결하면 아이는 타인의 행위에 물질적 보상을 연결시킨다. 물질적 보상 없이 행동하지 않는다고 생각하는 것이다. 아이들도 어른과 마찬가지로 자기 행위의 의미를 높게 여기는 경향이 있다. 자기만을 아는 이기적인 사람으로 평가하기보다, 남을 먼저 생각하고 배려할 줄 아는 사람으로 여겨 주기를 바라는 것이다. 따라서 아이들의 좋은 말과 행동에는 물질적 보상보다 칭찬이나 격려를 해 주는 것이 훨씬 효과적이다.

친절한 말 한마디가 생각나거든

지금 말하세요.

내일은 당신의 것이 안 될지도 모릅니다.

사랑하는 사람이

언제나 곁에 있지는 않습니다.

사랑의 말이 있다면 지금 하세요.

— 찰스 스펄전, 「지금 하십시오」 중에서

" 같이 치울까? "

- 이야, 눈 엄청 많이 내리네!

- 아빠, 눈사람 만들자!

- 그래. 어? 잠깐만.

- 왜?

- 저기 보여? 저 아저씨들 뭐 하고 계신 것 같아?

- 눈 치우고 계신데?

- 그 옆에도 보여?

- 옆에? 저 형들?

- 응. 저 형들은 뭐 하고 있어?

- 눈싸움하는데?

- 눈싸움하는 걸 보는 저 아저씨들 기분은 어떨까?

- 나쁠 것 같아.

- 그럼 우리는 나가서 뭘 할까?

- 같이 눈 치울래.

- 진짜? 눈사람 안 만들고 눈 치울 거야?

- 응.

- 그래, 그럼 눈 다 치우고 눈사람 만들까?

- 응. 아빠, 빨리 나가자.

* * * * *

큰아이가 어릴 때 눈사람을 만들고 싶어 하길래 함께 밖에 나갔더니 아파트 관리사무소 직원들이 힘들게 눈을 치우고 계셨다. 그분들 옆에서 눈사람을 만들기에는 마음이 편치 않았다. 다행히 아이도 나와 같은 마음이었다.

단단히 준비를 하고 밖으로 나가 그분들에게 제설 도구가 더 있는지 물었다. 친절하게 나눠 주셨고, 아들과 나는 신나게 눈을 치우기 시작했다. 우리 모습을 본 동네 아이들도 함께 눈을 치웠고, 관리사무소 직원들은 아이들의 노고에 과자와 음료로 보답해 주셨다.

옛 성인께서는 고마움을 아는 것을 인륜이라 하고, 고마움을 모르는 것을 축생(짐승)이라고 했다. 타인의 노동을 그저 '월급을 받기 위해 어쩔 수 없이 해야 하는 일'이라고 여기는 편협한 사고에서 벗어나, 자신이 하는 일이 타인을 위한 일이며, 타인이 하는 일이 곧 나를 위한 일이라는 넓고 깊은 관점으로 나의 삶과 관련이 있는 모든 분들의 노동에 고마워할 줄 아는 아이. 그 고마움에 보답할 줄 아이로 키우는 것이 진정으로 내 아이를 위한 일이라 생각한다.

**❝ 엄마도
생선 몸통을 좋아해 ❞**

- 엄마, 이거.

- 응? 이거 꼬린데?

- 엄마 꼬리 좋아하잖아.

- 너 몰랐구나?

- 뭘?

- 엄마도 생선 몸통 좋아해.

- 진짜? 그런데 왜 말 안 했어?

- 미안해. 말하지 않아서. 그런데 엄마가 왜 몸통의 생선 살을 너
  에게 먼저 주었을까?

- 엄마가 나를 사랑해서?

- 그렇지. 널 사랑해서 엄마가 먹고 싶은 걸 참고 네 숟가락 위에 생선 살을 올려 주는 거야. 그래도 기억해 줘. 엄마도 생선 몸통을 좋아한다는 거 말이야.

- 엄마, 고마워.

* * * * *

꽤 오래전 일이다. 큰아이가 구운 생선의 살이 거의 없는 꼬리 부분을 아내에게 주었다. 아이는 엄마가 꼬리를 좋아한다고 생각했던 것이다. 엄마 아빠가 항상 자신을 먼저 챙기는 것을 아이가 당연히 여겨서 생긴 일이라는 것을 그제야 알아챘다.

아마도 우리 가정만의 에피소드는 아닐 것이다. 부모는 시시콜콜 설명하지 않아도 아이들이 부모의 마음을 알아줄 것이라 생각하지만 이는 착각이다. 아이도 어른도 말하지 않으면 모른다.

생선 꼬리를 건네는 아이의 행동에 나는 당황했다. 서운한 마음을 드러내지 않으려고 생선 살을 아이의 숟가락 위에 올려 주면서 숨을 골랐다. 그리고 아이에게 엄마도 생선 살을 좋아하는데 왜 너에게 주는지 설명해 주었다.

어릴 때부터 감사할 줄 아는 아이로 키우기 위해서 부모 자식 관계의 어떤 요인과 부모의 어떤 행동이 자녀에게 영향을 미치는지 학자들은 연구하였다. 이들은 부모 자녀 간 갈등이 클수록 감사할 줄 모르고, 가정 내 갈등이 줄어들수록 감사한 태도를 나타낼 것이라고 했다. 반대로 감사할 줄 아는 아이로 키우는 것이 목표라면 긍정적인 양육 태도, 부모 자녀 간의 친밀감, 그리고 부모의 감사 특질이 중요하다고 하였다.

부부가 서로의 고마움을 알고, 고맙다는 말과 행동을 보여 주어야 한다는 뜻이다. 또한 자녀의 말과 행동에서 고마운 점을 찾아 표현해 주어야 한다는 뜻이기도 하다. 배우자나 자녀가 고마운 까닭을 찾으려면 서로의 노고에 주의를 기울여 관찰해야 한다. 상대의 좋은 점을 찾으려는 관찰은 반드시 오랜 관심을 필요로 하며, 이와 같은 태도는 서로를 신뢰하는 바탕이 된다. 따라서 고마운 이유를 가르치는 방법은 서로의 노고를 알아주는 것에서부터 시작하는 것이 아닐까 생각한다.

아빠의 말공부

엄마는

그래도 되는 줄 알았습니다

하루 종일 밭에서 죽어라 힘들게 일해도

엄마는

그래도 되는 줄 알았습니다

찬밥 한 덩이로 대충 부뚜막에 앉아 점심을 때워도

엄마는

그래도 되는 줄 알았습니다

한겨울 냇물에 맨손으로 빨래를 방망이질해도

엄마는

그래도 되는 줄 알았습니다

배부르다 생각 없다 식구들 다 먹이고 굶어도

— 심순덕,「엄마는 그래도 되는 줄 알았습니다」 중에서

" 고마워, 동생한테
양보해 줘서 "

- 이 볼펜 내가 쓸래. 지난주에 내가 양보했으니까 이번에는 내가
  쓸래.

- 그래, 이번에는 재아가 양보하자. 지난주에 오빠가 쓰고 싶었는
  데 너한테 양보했잖아.

- ….

- 왜 울어? 양보하기 싫어?

- ….

- 그럼 나가서 사 줄게.

- 재민아, 이거 네가 쓰고 그거 재아한테 쓰라고 해도 될까?

- 응, 괜찮아.

- 고마워. 그리고 미안해. 동생한테 양보해 줘서.

- 아니야, 괜찮아.

- 이제 너 써도 돼. 오빠가 양보했어.

- 오빠… 고마워….

* * * * *

아이들이 어릴 때의 일이다. 어리다 보니 서로 대화로 해결하기보다 부모에게 문제해결을 요구했다. 처음에는 시비를 가리기 위해 한 명씩 따로따로 이야기를 들어주었다. 듣다 보니 옳고 그름을 가릴 문제라기보다 서로 배려하고 양보하면 될 문제들이 많았다. 그래서 해결 과정을 두 단계로 줄였다.

첫째, 다투는 너희를 보니 엄마 아빠의 마음이 아프고 속상하다고 말했다. 시비를 가리기보다 부모의 마음을 표현한 이유는, 잘잘못을 따지면 한쪽의 미성숙을 비난하게 되기 때문이다. 사실 오십 보, 백 보인데 잘잘못을 가려서 뭐 하나 싶기도 했다.

둘째, 방에 들어가서 너희끼리 해결하고 나오기 바란다고 말했다. 물론 아이들끼리 모든 문제를 대화로 해결하지는 못한다. 서로에 대해 미워하는 감정을 풀기를 바랐고, 혹시라도 이야기를 주고받으며 갈등이 해결되면 더 좋을 테니까. 서로 화해가 안 되면 그때 오라고 해도 되니까. 아이들이 만든 문제를 아이들이 해결하도록 하되, 가까이에서 해결 과정을 지켜보려고 노력했다. 그래서 그런지 아이들이 자랄수록 다툼의 횟수와 강도가 크게 줄어들었다.

아빠의 말공부

" 서운하다고
말해 줘야 해 "

- 무슨 일 있어?

- 아니.

- 목소리가 안 좋은데? 무슨 일 있지?

- 아니야…. 아무 일 없어….

- 말해 줘. 너 혼자 속상해 하면 아빠도 마음 아파.

- 먼저 갔어….

- 누가? 친구들이?

- 응, 자전거 타고 친구들이랑 한강 갔는데 돌아올 때 내가 조금

  늦었거든. 근데 애들이 먼저 가 버렸어.

- 몇 명이 같이 갔는데?

- 나 빼고 다섯 명.

- 근데 아무도 너한테 연락을 안 한 거야?

- 응… 흑….

- 속상했겠다. 어떻게 한 놈도 말 없이 갔냐. 그치?

- ….

- 근데 지금 벌써 8시네. 아마 어두워져서 다들 집으로 바로 간 게 아닐까? 아빠 생각에는 부모님한테 혼날까 봐 먼저 갔을 것 같은데. 혹시 전화해 봤어?

- 누구한테?

- 네 친구들한테.

- 왜?

- 애들이 너를 잊어버렸잖아. 그래서 너 속상하잖아. 그럼 네 마음을 친구들에게 말해 줘야 알지. 그리고 왜 말도 없이 갔는지 물어봐야 너도 친구들 사정을 알 거 아니야.

- 그렇지. 어, 왔다!

- 연락 왔어?

- 응.

- 그럼 말해 줘. 서운하다고 말해 줘야 네 친구들이 같은 실수를 하지 않을 테니까. 할 수 있지?

아이들은 어려서 경험이 적기에 작은 일에도 크게 반응한다. 감정이 크게 요동치는 것이다. 친구 사이의 갈등이 빈번한 이유이기도 하다. 이때 의지할 존재가 필요하다. 아이들은 대부분 부모에게 털어놓는데, 바쁜 부모는 아이의 호소에 제대로 귀 기울이지 못한다.

결국 아이들은 친구에게 고민을 털어놓게 된다. 또래와의 갈등 문제를 같은 또래에게 물으니 맞붙어 싸우거나 혹은 절교를 하는 것으로 결론이 나기 일쑤다. 그래서 아이들 곁에는 일상을 공유하고, 그 일상 속에 담긴 생각과 느낌을 주고받을 성숙한 타인이 필요하다. 바로 부모의 영역이다.

부모가 자녀와 유대감을 기르려면 서로의 경험을 공유하고, 생각과 느낌을 나누는 시간을 갖는 것이 가장 효과적이다. 대화를 나누며 아이는 자신이 겪은 여러 갈등 문제에 대한 부정적인 생각과 감정을 다루는 법을 배울 수 있기 때문이다. 물론 모든 문제를 부모와의 대화로 풀 수 있는 것은 아니다. 때로는 전문가의 도움이 필요하다. 부모와 함께 해결하기 어려운 문제를 억지로 붙잡고 있기보다는 전문 상담사의 상담을 받는 것이 나을 수도 있다.

66 친하게 지내라는 게
아니야 99

- 재민아, 왜 울어? 무슨 일 있어?

- 진호 때문에….

- 진호가 누군데?

- 우리 반 친구인데 자꾸 때리고 괴롭혀…. 흑….

- 그렇구나. 혹시 너만 괴롭히니?

- 아니, 다른 애들도 다 괴롭혀.

- 반 친구들도 괴롭겠구나.

- 응. 선생님도 걔 싫어해. 다른 애들도 다 싫어해. 누가 좋아하겠
  어? 맨날 수업 시간에 돌아다니고 친구들 괴롭히는데.

- 그렇구나. 그럼 모두가 진호를 싫어하는 거네.

- 그렇지.

- 진호는 학교 오기 싫겠다.

- 어?

- 너라면 어떨 것 같아?

- 뭐가?

- 학교에 가면 선생님도 친구들도 다 너를 싫어해. 그럼 학교 가고
  싶을까?

- 아니.

- 그런데 엄마 아빠는 그것도 모르고 학교에 가라고 하면 기분이
  어떨까?

- 화나겠지.

- 그래서 더 너희를 괴롭히나 봐.

- 그래도 그러면 안 되지!

- 맞아. 그래도 친구들을 괴롭히면 안 되지. 그런데 아마 진호는
  모를 거야.

- 뭘 몰라?

- 친구랑 사이좋게 지내는 법을.

- 왜 몰라?

- 친한 친구가 한 명도 없으니까.

- 아….

- 그래서 너한테 한 가지 부탁할 게 있어.

- 그게 뭔데?

- 진호를 만나면 먼저 인사해 줘.

- 싫어!

- 알아. 네가 싫어하는 거. 친하게 지내라는 게 아니야. 그냥 인사
  만 해 줘.

- 왜?

- 모두가 싫어하니까 아무도 먼저 인사해 주지 않을 거야. 억지로
  학교에 왔는데 네가 먼저 인사를 해 주면 진호 기분이 어떨까?

- 좋겠지.

- 그래. 네가 먼저 인사해 주면 진호도 다른 친구랑 잘 지낼 수 있
  을 거야.

- 왜?

- 기분이 좋아질 테니까. 할 수 있지?

***** *

큰아이가 2학년 때의 일이다. 퇴근하고 집에 와 보니 아이
의 기분이 많이 안 좋아 보였다. 이야기를 들어 보니 같은 반
아이가 큰아이를 괴롭혔던 모양이다. 처음에는 부모로서 나

역시 화가 났지만, 아이에게 한 가지만 부탁했다. 그 친구에게 먼저 인사를 해 달라고. 친하게 지내지 않아도 좋으니 먼저 인사만 해 달라고. 아이는 약속했지만 실제로 약속을 지켰는지는 잘 모르겠다.

내가 교사이자 아빠로서 이런 부탁을 한 데는 이유가 있다. 고작 아홉 살에 불과한 남자아이가 모든 친구들을 괴롭히고 다니는 이유를 생각했기 때문이다. 동네 이웃의 이야기를 들어 보면 아이는 부모의 관심을 거의 받지 못했다. 학교에서도 모두가 아이를 싫어했다. 무관심한 가족과 자신을 싫어하는 친구들 속에서 아이는 얼마나 외로울까를 생각했다.

연구에 따르면 집단에서 소외되는 경험은 어릴수록 큰 상처를 남긴다고 한다. 무엇보다 가장 안전하게 보호받아야 할 가족으로부터 소외되어 상처받은 아이의 마음은 자신도 알아채지 못한 채 친구들을 공격하고 있었으니까. 그래서 큰아이가 먼저 인사해 주기를 바랐다. 다행히 담임선생님의 노력으로 3학년이 되기 전에 가정과 협력하여 아이를 지도해 나아졌다는 소식을 들었다. 많은 아이들이 건강한 삶을 살아가려면, 이들에 대한 사회와 학교, 어른들의 관심과 이해가 필요하다고 여기는 이유다.

　　아빠처럼
후회하지 말아 줘

- 재민아, 아까 할아버지가 부르시는데 왜 대답을 잘 안 했어?

- 안 들렸어.

- 그랬구나. 근데 재민아, 아빠가 아빠의 외할머니 이야기했던 거
  기억나?

- 버스 이야기?

- 응. 아빠가 할머니에게 어떻게 해 드렸다고 했지?

- 할머니 손톱 깎아 드렸다고 그랬지.

- 아빠가 왜 깎아 드렸을까?

- 후회하지 않으려고.

- 아빠는 네가 아빠처럼 어리석은 행동을 해서 후회하지 않았으

면 좋겠어. 부탁해, 재민아.

* * * * *

어릴 때 외할머니는 나를 무척이나 아껴 주셨다. 아마 첫 손
주여서 그랬던 것 같다. 하지만 나는 동생들도 있는데 나만 챙
기는 할머니가 부담스러웠다. 할머니는 어머니에게 받은 용돈
을 호주머니 깊숙이 숨겨 두셨다가 내가 나타나면 내 손에 쥐
어 주곤 하셨다.

하루는 할머니와 둘이서 좌석버스를 탈 일이 있었다. 버스
에 올라서니 두 자리가 모두 빈 곳이 있었지만 나는 그 앞 젊
은 누나의 옆자리에 앉았다. 할머니는 내게 같이 앉자고 했지
만, 나는 싫다고 짜증을 내고는 눈을 감았다. 그때의 나는 얼마
나 철딱서니가 없었는지.

시간이 흘러 나는 입대를 했다. 당시는 편지로 소식을 주고
받던 시절인지라, 가족이 더 그리워졌다. 당시 애독하던 『좋은
생각』이란 잡지가 있었는데, 기억에 남는 사연이 하나 있다.
어느 여대생과 할머니 이야기였다.

그녀는 고등학생 시절 우연히 할머니의 길게 자란 손톱을

보았다. 며칠 후 할머니가 그녀에게 손톱을 깎아 달라고 부탁했다. 이후로 그녀는 1, 2주마다 할머니의 손톱을 다듬어 주었다. 그러다 어느덧 대학생이 되었고, 집에 늦게 들어오는 일이 잦아졌다. 자연스레 할머니의 손톱을 깎아 주는 일도 잊어버리게 되었다.

그러던 어느 날, 급하게 집을 나가는 그녀에게 할머니는 혹시 시간이 되면 손톱 좀 깎아 줄 수 있느냐고 부탁했고, 그녀는 다녀와서 깎아 드린다고 말해 놓고 집으로 돌아오자 다시 잊어버리고 말았다. 그런데 할머니가 바로 그 주에 돌아가신 것이다. 그녀는 돌아가신 할머니의 손을 보고서야 할머니의 부탁을 떠올렸다.

문득 내 외할머니를 떠올렸다. 할머니에게 함부로 했던 내 어리석은 행동들도 생각났다. 제대하면 할머니 손톱은 꼭 내가 깎아 드리겠다고 마음을 먹었고, 제대 후에는 그 다짐을 지키려 노력했다. 사연 속 그녀처럼 후회하고 싶지 않았으니까.

아이들이 커 갈수록 할머니, 할아버지와의 사이가 멀어지는 것을 느낄 때마다 오래전 버스 안의 풍경이 생각난다. 아이들은 나처럼 어리석은 행동을 하지 않기를 바라면서.

아빠의 말공부

발톱 깎을 힘이 없는
늙은 어머니의 발톱을 깎아 드린다
가만히 계셔요 어머니
잘못하면 다쳐요
어느 날부터 말을 잃어버린 어머니
고개를 끄덕이다 내 머리카락을 만진다
나 역시 말을 잃고 가만히 있으니
한쪽 팔로 내 머리를 감싸 안는다

— 이승하, 「늙은 어머니의 발톱을 깎아 드리며」 중에서

66 용기 있는 사람이
되었으면 좋겠어 99

- 아빠! 저기 쟤 좀 봐. 걷는 게 조금 이상해.

- 그렇구나. 걸을 때 답답하겠다.

- 왜 그런 거야?

- 어릴 때 아팠나 봐.

- 아빠, 저쪽으로 가자.

- 왜?

- 그냥. 신경 쓰여서.

- 왜 신경이 쓰여?

- 아니, 그냥….

- 네가 자꾸 힐끔힐끔 쳐다보다 자리를 피하는 걸 저 친구가 알까,

모를까?

- 모르겠지.

- 그런데 같은 일이 여러 번 반복되면?

- 응?

- 너처럼 힐끔힐끔 보다가 다른 데로 가는 친구들이 있으면 저 친구는 어떤 기분이 들까? 친구들이 너를 피하면 마음이 어떨까?

- 속상할 것 같아….

- 저 친구도 그런 마음일 수 있어. 그래도 피하고 싶어?

- 아니….

- 그래. 그게 용기야.

- 응?

- 너와 달라도, 너와 같은 마음을 가진 사람이라는 걸 믿으니까 피하지 않겠다는 거잖아. 두려워도 물러서지 않는 걸 용기라고 불러. 아빠는 네가 용기 있는 사람이 되었으면 좋겠어.

＊＊＊＊＊

학교에서는 여러 친구들을 만난다. 다문화가정의 아이나 신체장애를 가진 아이, 혹은 발달이 좀 늦은 아이도 있다. 어린아이들일수록 나와 다른 모습을 보이는 친구에게 불편한 마음을 느끼는 건 인간의 본능이라 할 수 있다. 나는 다만 아이에게 잘못된 것이 아닌, 서로 다름을 가르치고 싶었다. 그리고 겉모습은 다르지만 속마음은 같다는 걸 이해하길 바랐다.

누구나 행복해지고 싶고, 건강해지고 싶고, 좋은 친구를 사귀고 싶고, 모든 일을 잘하고 싶어 한다고.

「세계인권선언문」 제1조에는 '모든 사람은 태어날 때부터 자유롭고, 존엄하며, 평등하다. 모든 사람은 이성과 양심을 가지고 있으므로 서로에게 형제애의 정신으로 대해야 한다.'고 쓰여 있다. 제2조에는 '모든 사람은 인종, 피부색, 성, 언어, 종교 등 어떤 이유로도 차별받지 않으며, 이 선언에 나와 있는 모든 권리와 자유를 누릴 자격이 있다.'고 쓰여 있다.

내가 인종, 피부색, 성, 언어, 종교, 장애 등의 이유로 나와 다른 이들을 차별하지 않고, 나와 같은 마음을 가진 동등한 인격체로 대한다면, 그들도 나를 같은 마음을 대하지 않겠는가. 그런 마음이 한 사람, 한 사람을 소중히 여기는 사회, 우리 아이들이 어디서든 안심할 수 있는 사회를 만드는 바탕이 될 것이다.

아빠의 말공부

66 사랑할수록
훌륭해지는 게
사랑이야 99

- 아빠, 사랑을 하면 어떤 마음이 들어?

- 갑자기 무슨 말이야? 누구 좋아하는 사람 생겼어?

- 아니, 없어. 주변에 이성 친구를 사귀는 애들이 있는데, 사랑하
  는 것 같다나 어쩐다나 그러기에.

- 그렇구나. 너도 곧 누군가를 사랑할 나이가 되겠구나. 사랑은
  누군가를 좋아하는 마음이지.

- 친구를 좋아하는 것과 다른가?

- 음… 친구보다 더 같이 있고 싶은 사람?

- 그럼 가족 아니야?

- 그렇지. 그래서 엄마 아빠는 결혼한 거야.

- 사랑해서?

- 그렇지. 사랑해서.

- 어떻게 알았어? 사랑하는지.

- 아빠는 엄마를 만나고 나서 할아버지 할머니한테 더 잘해야겠
다고 생각하게 됐어. 학교에서도 학생들을 더 잘 가르치려고 노
력했고.

- 그럼 엄마 때문에 공부한 거야?

- 엄마가 응원해 줘서 공부할 수 있었지. 사랑이 그런 거야. 서로를
더 훌륭하게 만드는 것.

- 사랑할수록 훌륭해지는 게 사랑이야?

- 그럼. 그래서 아빠는 네가 좋은 사랑을 하기를 바라.

＊＊＊＊＊

아이들은 자라면서 동성에서 이성으로 관심과 관계의 영역
이 확장된다. 같은 또래의 낯선 타인과 우정과 사랑이라는 애
착을 경험하는 것이다. 사실 아이들은 이미 부모의 관계를 통
해 이성에 대한 관점이 만들어진다. 아빠가 엄마를 대하는 태
도와 엄마가 아빠를 대하는 태도를 보고 배우는 것이다. 부모
의 말과 행동은 아이들이 이성을 대하는 태도에 영향을 준다.

따라서 두 가지를 주목해야 한다.

첫째, 부부가 서로를 존중하는 태도를 가져야 한다. 서로의 이야기에 귀 기울이고, 작은 일도 함께 결정하며, 상대를 불쾌하게 만드는 스킨십을 하지 않는 것이다.

둘째, 아이가 부모에게 고민을 털어놓는 관계여야 한다. 아이들은 미성숙하다. 따라서 실수를 하기 마련인데, 작은 실수에도 괴로워한다. 괴로워하는 마음을 부모가 아닌 친구에게 털어놓는다면 어떤 해결책을 얻을 수 있을까? 좋지 않은 선택을 하게 될 확률이 높다.

많은 아이들이 교사나 부모가 아닌 또래의 충고를 따르는 것은 교사나 부모가 아이의 이야기에 귀 기울이지 않기 때문이다. 아이의 실수를 접하면 까닭을 묻지 않고 야단치기 바쁘다. 크게 야단을 치면 아이가 같은 실수를 반복하지 않을 거라는 부모의 착각 때문이다.

아이들을 키우면서 반드시 겪게 되는 일이 이성 문제다. 특히 사춘기에 접어들면 이성에 대한 호기심이 커지고, 성에 대한 관심도 늘어난다. 이때 질문을 바꿔 보는 것이다. 사랑이 무엇인지, 어떤 사랑이 진짜 사랑인지. 아직 한 번도 아이와 사랑에 대해 이야기를 나눠 본 적이 없다면, 부모가 먼저 어떤 이야기를 해야 할지 고민해 보면 좋겠다.

66 다 같이
쉴 수 있으니까 99

- 잘 먹었습니다.

- 잊은 것 없어?

- 맞다! 다 먹은 그릇 싱크대에 가져다 놓는 거.

- 그리고 하나 더 있어. 먹은 자리 닦아 놓는 것. 그 정도는 할 수
  있지?

- 응, 할 수 있어.

- 아빠가 왜 이런 부탁을 할까?

- 그래야 빨리 끝나니까?

- 그래, 맞아. 조금 더 빨리 치우고 다 같이 쉴 수 있으니까.

아빠의 말공부

＊＊＊＊＊

사실 집안일을 거드는 것이 아이들에게 중요한 과업은 아니다. 어른조차도 집안일하는 것을 좋아하지 않는데, 아이들이라고 그것을 좋아할 리 있을까. 그러나 한 가족이기 때문에 서로를 돕는 일은 중요하다는 것을 가르쳐야 한다. 가족이 각자 책임을 맡아 집안일을 나눠 한다면, 가족 모두가 좀 더 편안하고 즐거워질 것이기 때문이다.

처음에는 아이의 나이나 발달단계 등을 고려하는 것이 좋다. 장난감을 제자리에 놓는 것이나 식사를 준비하면서 숟가락을 올려놓는 작은 일부터 시작하면서 자신이 가족을 돕고 있고, 중요한 역할을 하는 사람이라는 자존감을 키워 갈 수 있다.

아이들은 성인에 비해 작업 기억의 용량이 적은 데다, 매일의 경험 자체가 새롭기 때문에 기억해야 할 정보의 양이 많다. 아이의 의도와 상관없이 약속 자체를 잊어버리기 쉽다는 뜻이다. 따라서 아이가 가족이 함께 정한 규칙이나 약속을 지키지 않았을 때는 무조건 비난하지 말고, 스스로 깨닫고 익혀 나갈 수 있도록 도와주는 것이 부모의 역할이 아닐까 싶다.

가정은 아이가 처음 만나는 작은 사회이기도 하다. 아이가 규칙을 어겼다고 벌을 주거나 여러 사람이 있는 곳에서 비난을 한다면 아이는 부모나 어른들에게 적대감을 표현하거나 이를 인정하지 않을 수 있다. 자신보다 힘 있는 타인에 대한 적대감을 억누르는 대신 공격하고자 하는 충동을 자신보다 약한 사람에게 쏟는 법을 배울 수도 있다.

부모는 아이가 스스로 더 나은 행동을 하도록 대화로 이끌고, 잘못을 했다면 긍정적 정체성이 손상되지 않도록 따로 불러서 부모의 감정을 솔직하게 보여 주어야 한다.

칭찬과 격려 -

격려(激勵)의 '려(勵)' 자를 살펴보면 '일만 만(萬)'에 '힘 력 (力)' 자가 들어 있다. 일만의 힘이 흘러들게(흘러들 격) 만드는 것이 격려인 셈이다. 따라서 격려는 누군가에게 커다란 힘이 나도록 돕는 일이다. 칭찬의 목적도 여기에 있다. 아이에게 힘을 주려는 마음의 표현이 바로 칭찬이니까.

'잘했어', '대단해', '예뻐', '멋져'와 같은 말은 결과나 능력 혹은 외면에 대한 칭찬이다. 하지만 아이가 항상 좋은 결과만을 얻거나 예쁘고 멋진 모습만 보여 줄 수는 없다. 때로는 불만족스러운 결과를 얻기도 하고, 못나고 어리석은 모습을 보여 줄 수도 있다. 아니 기대보다 못한 결과를 얻거나 실수를 할 때가 훨씬 많다. 아직 미숙한 존재이기 때문이다.

잘못이나 실수는 하지 않는 것보다 그것을 받아들이고 인정하는 것이 더 어렵다. 그 실수를 딛고 다시 도전하는 것에도 큰 힘이 필요하다. 그래서 격려와 칭찬이 중요하다. 그렇다면 어떻게 칭찬해야 아이에게 힘을 줄 수 있을까?

사람은 부적 정서를 싫어한다. 충언은 귀에 거슬리기에 수많은 충신들이 목숨을 잃었다. 부모의 잔소리가 싫어서 아이들은 귀를 닫는다. 그만큼 지적과 비판은 쉽게 받아들이기 어려운 일이다. 받아들이기 어려운 지적과 비판을 공개적으로 당한다면 어떨까? 자신의 잘못이나 실수를 인정하고 다시 노력하게 될까? 결코 그렇지 않다. 그러므로 아이의 실수나 잘못에 대한 지적은 가급적 개별적으로 해야 한다. 반면 칭찬은 이와 반대여야 한다. 공개적일수록 좋다. 여기에 두 가지가 더해져야 한다. 과정과 노력에 대한 칭찬이다.

일찍 자고, 일찍 일어나는 일은 어렵다. 매일 책을 읽는 일도 어렵고, 스스로 숙제를 하는 것도 어렵고, 골고루 먹는 것도 어렵고, 남의 이야기에 귀 기울이는 일도 어렵고, 자신의 생각을 분명히 표현하는 일도 어렵고, 친구들과 사이좋게 지내는 일도 어렵고, 꾸준히 운동하는 일도 어렵다. 그 어려운 일상을 지속하려면 함께 노력하는 사람이 필요하다. 가기 싫은 학교에 함께 가는 친구가 있기에 학교에 가게 된다. 하기 싫은 공부를 함께 하는 친구가 있기에 공부를 하게 된다. 같은 공간에서 자신의 성장을 위해 지루하지만 중요한 일들을 함께 지속하는 벗이 있는 곳이 바로 학교다. 아이들이 학교생활을 통해 성장하는 이유는 이 때문이다.

가정도 이와 같다. 아이들 곁에는 건강하게 하루하루를 살아 내는 부모가 필요하다. 자신이 하는 일의 의미 혹은 가치를 이야기하며 자부심을 보여 주는 어른이 필요하다. 부모라는 어른을 통해 바라보는 사회가 의미 있고 가치 있는 곳임을 알아야 한다. 때로는 어른도 실수나 잘못을 할 수 있음을 아이에게 솔직하게 인정하고 더 나은 사람이 되기 위해 노력하는 부모의 모습을 보여 주어야 한다. 아이들에게 전하는 진정한 칭찬은 부모의 말이 아니라 부모의 삶이어야 할 테니까. 부모의 삶으로 전하는 칭찬과 격려가 아이들을 다시 일어서게 할 테니까.

아이들의
마음을 키우는
교실 속 감정 수업

감사 수업

일의 의미와 감사

사람은 누구나 자기 일의 의미를 확인하고 싶어 한다. 불필요한 일, 아무 가치 없는 일에 시간을 쏟기는 싫기 때문이다. 이는 내가 하는 일이나 행동이 몸담고 있는 공동체에 기여하고 있음을 확인하면서 얻게 되는 유능감과 관련이 있다. 더불어 내가 살아가는 데 도움을 주는 많은 이들이 있다는 것도 알아차림으로써 함께 사는 삶의 의미를 찾기도 한다. 내가 하는 일이 타인의 행복에 기여하고, 나 또한 그들로부터 도움을 받고 있음을 깨닫는 것을 우리는 '감사'라고 말한다.

감사는 지지적 관계를 강화하고, 청소년의 친사회적 행동을 증가시킨다(Froh, Yurkewichz, et., 2009). 예를 들어, 자신을 괴롭히는 아이로부터 보호해 주는 친구에게 고마움을 표현하거나, 주어진 과제를 열심히 하는 친구를 격려하거나, 모르는 것을 알려 주는 친구에게 고마움을 표현하도록 이끌면 아이들은 건강한 우정을 키워 가며 학교생활의 만족도를 높일 수 있다.

또 학교에는 학생들의 건강하고 안전한 학교생활을 위해 애쓰는 분들이 많다. 하지만 학생들은 이들에 대해 정확히 알지 못하는 경우가 많다. 담임선생님이나 전담 선생님, 보건 선생님이나 사서 선생님, 교감·교장 선생님 정도만 알 뿐이다. '누군가'가 학교에서 일하고 계시지만 그 일이 '무엇'이고, 얼마나 어렵고 힘든 일인지 잘 모른다.

학생들에게 자신들을 위해 애쓰는 분들을 찾고, 그분들이 하는 일이 무엇이며, 어떤 고충이 있는지를 인터뷰하게 한 후 발표하는 감사 수업을 진행했다. 이후에 감사의 마음을 담은 카드를 쓰면 더욱 좋다.

학교 구성원에게는 자신이 하는 일의 의미를 확인시켜 드리고, 학생들에게는 주위 고마운 분들의 존재를 인식시킬 수 있는 시간이 되었다.

부모님이 자녀에게 보내는 감사 편지

감사는 표현하는 사람도, 받는 사람도 오랫동안 행복하게 만드는 힘이 있다. 둘 중에 누가 더 행복하냐를 굳이 고른다면, 감사를 표현하는 사람이 더 행복해 한다.

감사를 표현하는 방법에는 크게 두 가지가 있는데, 바로 말과 글이다. 그런데 말은 시간이 지나면 잊히기 쉽지만, 글은 오래도록 흔적을 남긴다. 우리는 보통 '어버이날'이나 '스승의 날'이 되면 부모님이나 선생님께 감사 편지를 쓴다. 그래서 학생들에게 물어보았다. 부모님이나 선생님으로부터 답장을 받은 적이 있느냐고. 대부분의 학생들이 답장을 받지 못했다고 대답했다.

그래서 아이들의 감사 편지를 받은 학부모님께 답장을 부탁 드렸다. 잘 자라 주어서 고맙다, 건강하게 자라 주기를 바란다는 부모님의 솔직한 기대'만'을 담아 달라고 부탁 드렸다. 감사 편지는 감사하는 마음을 전하는 것이 핵심이기에 부모님이 아이에게서 고마운 점을 찾을 수 있도록 충분한 시간을 주는 것이 중요하다.

간혹 부모님의 잔소리가 담긴 편지도 있었다. 그러나 아이가 노력하는 모습, 자신의 일을 스스로 하는 모습, 어려운 일을 극복해 내는 모습을 칭찬하고 그에 대한 고마움을 표현하는 감사 편지를 쓰는 과정에서 부모님도, 그 편지를 받은 아이들도 모두 행복해진다(Lyubomirsky, 2008). 부모님이 아이에게 보내는 감사 편지 쓰기는 5월에 해 보면 좋을 활동으로, 가정과 교실이 모두 행복해지는 즐거운 수업이 된다.

아빠의 말공부

사과 수업

사과받고 싶은 일

아이들은 자주 싸운다. 다툼이 많다는 것은 그만큼 가까이에서 자주 상호작용한다는 증거이다. 아이들은 때로는 상대방의 입장을 이해하지 못하고 자신의 생각만 고집해서 다툼이 일어나는데, 이때 압도적인 힘으로 상대를 제압하거나, 집단의 지지를 받는 아이가 자신의 주장을 관철시키는 경우가 있다. 이러한 경우에는 부모나 교사가 갈등을 중재해 아이들이 민주적이고 합리적인 문제해결 과정을 학습할 수 있도록 이끌어 주어야 한다.

그런데 아이들의 다툼이 간혹 강자의 바람대로 끝나듯, 부모 혹은 어른과 아이들의 갈등 역시 부모의 생각대로 결론이 나는 경우도 있다. 아이들에게 부모님과의 갈등에서 불합리하다고 생각되었던 경험이 있느냐고 물었다. 경험이 있다면 작가 노트(아이들에게 한 가지 주제를 주고 10분간 자유롭게 쓰게 한 후 '원하는 사람'에 한하여 발표하게 하는 수업)에 쓰도록 했다.

5, 6학년 아이들이었음에도 대여섯 살 때의 이야기를 쓰는 경우도 있었다. 오래전 기억이 아이들의 머릿속에 남아 있는 이유는 무엇일까? 잘못한 어른이 사과하지 않았기 때문이다. 많은 아이들이 사과받고 싶은 이야기를 꺼냈고, 서로의 이야기에 공감했다.

아이들의 다양한 이야기를 들으며 어른의 한 사람으로서 먼저 아이들에게 사과했다. 미안하다고. 더 좋은 어른이 되겠다고.

사과에도 용기가 필요하다

사과받고 싶은 일이 있다면 사과하고 싶은 일도 있다. 사과를 주제로 아이들이 자유롭게 글을 쓰게 하면서 자신이 사과하고

아빠의 말공부

싶은 일도 쓰게 했다. 그리고 친구들 앞에서 읽고 싶은 사람은 자신의 글을 읽게 했다. 학급 친구들 앞에서 자신의 잘못을 드러내고 용서를 구하는 일인데도 많은 아이들이 나와 자신의 글을 읽으며 사과했다.

읽는 것에서 그치지 않았다. 친구에게 사과하고 싶은 마음이 있다면 직접 표현해 달라고 부탁했다. 사과는 표현해야 하고, 표현은 사과받고 싶은 친구의 마음이 풀리게 하는 것이 중요하니까. 다시는 같은 잘못을 저지르지 않겠다고 친구들 앞에서 약속하고, 자신이 또 잘못을 저지르지 않도록 지켜봐 달라고 부탁하는 아이들을 볼 수 있었다.

자신의 잘못을 드러내는 일은 용기가 필요하다. 어른도 쉽지 않은 일이다. 나 역시 사람이다 보니 학생들에게 실수할 때가 있다. 그때마다 마음을 다해 사과한다. 그리고 사람은 누구나 실수할 수 있고, 실수를 인정하고 반복하지 않기 위해 노력하는 것이 더 중요하다는 걸 아이들에게 이야기한다.

누군가에게 사과받고 싶은 일이 있다는 것은 그 누군가를 원망하고, 화가 나 있다는 증거이다. 이 불편한 정서 기억은 긴장감과 스트레스를 불러일으켜 타인과의 건강한 관계와 유연한 생각을 갖는 데 안 좋은 영향을 끼친다. 아이들의 입장에서 보면 수업에 집중하지 못하고, 친구와 자주 싸우며, 긍정적인 시선으로 세상을 바라보지 못하는 것이다.

멤피스 대학교의 한 연구에 의하면, 사람은 분노를 떨쳐 낸 후에야 숙면을 하게 된다고 하였고, 남에게 용서를 구하는 과정에 필요한 '겸손'이 타인과의 관계를 더욱 향상시킨다(Don Emerson Davis, Jr. 및 Joshua N. Hook, 2013)고 하였다.

사과 수업을 통해 아이들은 서로를 존중하고, 각자가 가진 재능을 멋지게 꽃피우며 건강한 인간관계를 형성해 나가는 법을 배울 수 있을 것이다.

아빠의 말공부

사랑 수업

사랑 다음 성

'사랑'이라는 말만 꺼내도 아이들은 손발을 오그리며 부끄러워한다. 도대체 어떤 생각을 떠올리는 걸까? 아마도 성교육 때문이 아닐까 싶다. 성교육의 내용은 대부분 남녀의 신체 변화와 신체 접촉에 대한 이야기이다 보니 아이들은 '사랑'과 '성'을 혼동한다.

이는 어른들도 마찬가지다. 그래서 아이들이 사랑에 대해 물어보면 난처해 한다. 말을 돌리고 주제를 바꾸기 일쑤다. 그렇다면 아이들은 누구와 이야기할 수 있을까? 결국 또래와 이야기할 수밖에 없고, 미성숙한 상태에서 사랑을 접하게 될 수도 있다. 때로는 왜곡된 방식을 접하는 안타까운 상황이 발생하기도 한다.

타인과의 접촉은 서로 친밀한 관계가 되었을 때, 상대가 허락하는 범위 안에서 이루어져야 한다. 타인의 사적인 영역을 존중하는 것이 곧 스스로가 존중받는 것임을 배워야 한다.

사랑 이전의 감정은 호감이라 할 수 있다. 서로 좋아하는 마음이 사랑의 시작이다. 아이들에게 좋아하는 마음을 어떻게 표현해야 하는지 물었다. 의자에 앉으려는 친구가 엉덩방아를 찧도록 몰래 의자를 빼야 할까? 좋아하는 친구의 물건을 몰래 숨기는 것으로 좋아하는 마음을 표현해야 할까? 아이들은 대부분 누군가를 괴롭히는 것은 미워하고 싫어하는 증거라고 말했다. 타인을 괴롭히는 것은 호감의 표현이 아니라는 걸 아이들과 자주 이야기 나누어야 한다.

사랑 수업은 좋아하는 마음을 표현하는 것에서 시작한다. 상대방의 마음을 얻으려면 어떤 사람이 되어야 하는지, 어떻게 좋아하는 마음을 표현해야 하는지 함께 이야기한다. 아이들과 함께 읽으면 좋은 소설이 교과서에 소개되어 있는데, 바로 황순원의 「소나기」이다. 시골 소년과 도시 소녀의 청순하고 깨끗한 사랑을 담고 있는 이 작품은 서로를 위하는 마음이 잘 드러나 있다. 장면마다 멈춰서 아이들과 소년과 소녀의 마음에 대해 짐작해 보고, 호감을 표현하는 방식에 대해 생각해 보며 사랑 수업을 진행했다.

사랑에 대하여 충분히 다룬 이후에 성에 대한 이야기를 해도 시간은 늦지 않다. 아이들에게 필요한 건 사랑을 포함한 성이지, 사랑 없는 성이 아니기 때문이다.

사랑은 함께 훌륭해지는 것

사람은 자신의 자원을 확장시키고 더욱 성장하고 싶은 욕구가 있다. 이를 심리학에서는 '자기 확장self-expansion의 욕구'라고 한다. 미국 뉴저지 몬머스 대학교의 아서 아론Arthur Aron과 레반도프스키Gary W. Lewandowski Jr.는 파트너로부터 더 많은 자기 확장을 경험할수록 관계에 더 헌신하고 만족한다고 하였다. 이들 연구에서 자기 확장을 측정하는 두 가지 질문을 뽑아 보았다.

"연인과 함께하면서 얼마나 자주 새로운 것을 배우게 되었나요?"

"연인과 함께하면서 당신은 얼마나 더 나은 사람이 되었나요?"

행복한 관계를 지속하는 것이 사랑이라면, 결국 사랑은 서로를 통해 새로운 것을 배우며 함께 더 나은 사람이 되기 위해 노력하고 성장하는 것이라고 할 수 있다. 사랑이 함께 성장하는 것이라면 서로가 좋아하는 것을 해야 할까, 싫어하는 것을 해야 할까?

그래서 아이들에게 가장 먼저 묻는다. 자신은 어떤 것을 좋아하는지, 부모님과 친구는 무엇을 좋아하는지 알고 있느냐고. 자신이 좋아하는 것을 알아차리려면 스스로를 지켜봐야 한다. 내가 무엇을 좋아하고, 무엇을 싫어하는지 아는 것을 '자기 인식'이라고 한다. 또한 친구와 부모님이 좋아하는 것을 알려면 역시 그들에게 관심을 가져야 한다.

그리고 다음으로 스스로를 성장시키기 위해 해야 할 일이 무엇인지 묻는다. 자신을 성장시키는 것이 곧 자신을 사랑하는 일이니까. 자신의 성장을 위해 노력하는 사람은 타인의 성장을 위한 노력을 존중하기 마련이다. 그것이 바로 격려이고 응원이다. 따라서 함께 성장하는 과정에서 서로를 응원하고 격려하는 법을 가르쳐 주어야 한다. 아이들이 서로를 위해 진심을 다해 응원하고 격려하는 것을 배우고 실천한다면 누구를 만나도 건강한 사랑을 할 수 있지 않겠는가.

우정 수업

학교폭력보다 우정을 먼저

요즘 우리 아이들은 우정과 학교폭력 중 어떤 말을 더 많이 들었을까? 안타깝게도 학교폭력이 아닐까 싶다. 아이들은 학교에 입학하면서 학교폭력을 배운다. 말이 이상한가? 학교폭력을 배운다니. 학교폭력의 뜻과 유형 그리고 처벌에 대해서 배운다는 뜻이다.

그런데 학교폭력이란 말을 듣거나 읽으면 어떤 장면이 떠오르나? 친구와의 즐거웠던 순간이 생각나나? 그럴 리가 없다. 누가 나를 괴롭혔는지, 언제 괴롭혔는지를 생각하게 된다.

이렇듯 우리가 접하는 어휘는 우리의 사고에 영향을 미친다.

그래서 아이들에게 '우정'에 대해 생각해 본 후 자신의 생각을 글로 써 보도록 했다. 아이들은 생각보다 쓸 거리가 많지 않다고 어려워했다. 학교폭력은 자주 접해도 우정은 들어 본 적이 거의 없기 때문이다. 들어 본 적이 없으니 생각해 본 적도 없고, 생각해 본 적이 없으니 쓸 말도 없다는 것이다.

중요한 건 생각해 보는 일이다. 자주 접하고, 자꾸 생각해 보아야 한다. 우정에 대해, 좋은 친구에 대해. 어쩌면 우리는 아이들에게 학교폭력을 가르치느라 우정을 놓치고 있는 것이 아닐까.

아이들에게 좋은 친구가 될 기회를 주어야 한다. 좋은 친구를 만날 기회를 주어야 한다. 자신 이외의 친구들을 가해자로 가정하는 연습(학교폭력 실태조사)보다 자기 주변의 좋은 친구들을 볼 줄 아는 안목을 키우고, 스스로 좋은 친구가 되려는 다짐을 하게 해야 한다. 따라서 학교폭력보다 우정을 먼저 가르치고, 더 자주 이야기해야 한다.

아이들에게는 친사회성과 공격성 둘 다 존재한다. 학교폭력이 공격성에 대한 접근에 집중하는 것이라면, 우정은 친사회성에 대한 접근을 가리킨다. 친사회성은 학업 성취와 건강한 또래 관계에 긍정적 영향을 미친다. 이에 대한 종단적 연구

(Caprara, Banbaranelli, Pastorelli, Bandura, & Zimbardo, 2000)가 그 중 거이다.

좋은 친구를 얻으려면 좋은 친구가 되어 줄 것

다음은 어떤 친구가 좋은지, 어떤 친구와 친하게 지내고 싶은지 아이들이 생각하고 만든 질문이다. 처음에는 우정과 관련된 척도를 쓰려고 했다. 하지만 이내 남이 만들어 놓은 질문에 답하는 것이 우정에 대한 생각을 얼마나 이끌어 낼 수 있을까 하는 생각에 아이들이 직접 좋은 친구에 대한 질문을 만들어 보게 했다.

1. 자신을 도와주는 친구가 있나요?
2. 친구에게 가장 미안한 순간은 언제인가요?
3. 어떤 친구가 좋은 친구라고 생각하나요?
4. 진심으로 사과하는 친구가 있나요?
5. 나에게 가장 힘이 되는 친구가 있나요?
6. 함께 있으면 행복한 친구가 있나요?
7. 친구와 함께한 순간 중 가장 행복했던 순간은 언제인가요?

아빠의 말공부

8. 내가 힘들 때 도와주는 친구가 있나요?

9. 자신의 잘못을 인정하는 친구가 있나요?

10. 장난의 선을 넘지 않는 친구가 있나요?

11. 나에 대해 잘 아는 친구가 있나요?

12. 나를 웃게 하는 친구가 있나요?

13. 교실에서 가장 행복했던 적이 있나요?

14. 있다면 언제인가요?

15. 자신이 힘들다는 것을 표현할 때 그걸 알아주고 위로해
    주는 친구가 있나요?

16. 자신이 무언가 필요할 때 선생님께서 빌려주라고 하기
    전에 먼저 빌려주는 친구가 있나요?

17. 자신에게 선을 베푸는 친구가 있나요?

18. 친구들에게 선을 베푼 적이 있나요?

19. 나를 생각해 주는 친구가 있나요?

20. 친구에게 언제 고마웠나요?

21. 친구에게 같이 놀자고 한 적이 있나요?

22. 친구와 화해한 적이 있나요?

23. 친구의 나쁜 태도를 좋게 지적할 수 있나요?

24. 나쁜 친구가 있다고 생각하나요?

25. 좋은 친구가 될 마음이 있나요?

26. 지금까지 모두를 위해 노력한 친구가 있나요?

27. 내가 나를 칭찬하고 싶은 점은 무엇인가요?

28. 자신이 좋은 친구가 되었다고 생각하나요?

29. 나는 친구에 대해 얼마나 아나요?

30. 당신을 진정한 친구라고 생각하는 친구가 있나요?

31. 당신을 믿어 주는 친구가 있나요?

32. 당신의 상처에 대해 위로받은 적이 있나요?

질문은 사고의 방향을 결정한다. 아이들이 만든 질문은 아이들의 사고의 방향을 가리킨다. 서른두 개의 질문을 통해 아이들은 '친구'의 의미에 대해 다시 생각하게 되었다.

자신들이 만든 우정에 대한 질문에 서슴없이 자신을 좋은 친구라고 대답할 수 있는 사람, 서로에게 좋은 벗이 되어 주고자 노력하는 사람이 되기 위해 함께하는 시간을 만드는 수업이었다.

아빠 되기 좋은
사회를 꿈꾼다

자녀 양육은 아이를 통해 인간의 전 생애를 관찰하는 경험을 제공한다. 자신의 과거를 떠올리며 자기수용을 높일 수 있다. 아이를 통해 자기 삶의 목적을 되짚을 수 있고, 더 좋은 사람이 되기 위해 노력하는 개인적 성장을 이룰 수 있다. 서로 다른 가족 문화에서 살아온 타인과 부모라는 역할을 함께하며 다른 사람과 긍정적인 관계를 맺고 지속하는 법을 익힐 수 있다. 아이를 키우는 일이 남성의 행복에 기여하는 부분이다.

자녀 양육 참여 여부에 따른 기대수명 연구에 따르면 부부가 함께 가사와 양육에 참여할수록 부부 모두 건강하게 오래 산다는 연구 결과가 있다. 아이의 삶에 함께 관심을 기울이고 건강하게 성장하도록 노력하는 과정이 부모의 건강한 삶에도 긍정적인 영향을 미치는 것이다.

또한 우리 아이들의 건강한 발달을 위해서도 가족 안에서 아빠의 역할이 중요하다. 아빠의 사랑과 관심은 아이들이 긍정적인 인생 태도를 갖게 하고, 집중력과 문제해결력을 높일 뿐만 아니라, 정서불안도 낮춘다. 부모와 함께하는 시간이 많고, 깊이 상호작용하며, 긍정적인 감정을 공유할수록 아이는 긍정적이고 합리적인 성격을 갖게 되기 때문이다.

하지만 현대사회에서는 개인의 노력만으로 아빠의 역할을 다하기는 어렵다. 아빠가 가사와 양육을 할 수 있는 시간을 늘려야 하고, 늘어난 양육 시간만큼 줄어든 노동 시간에 대한 임금이 보전되어야 한다. 부부가 함께 일하며 아이를 키우려면 절대적으로 부족한 것이 바로 시간과 소득이기 때문이다.

아이들 곁으로 아빠를 돌려보내는 사회의 노력과 아이에게 관심과 사랑을 전하는 아빠의 노력이 함께해야 한다. 개인의 노력과 사회제도의 개선을 통해 아빠 되기 좋은 사회를 만드는 것이 아이들의 행복을 위한 일일 테니까.

읽고 나니 쓸 말이
생각나게 한 책들

대니얼 골먼(2008). EQ 감성지능, 웅진지식하우스.

로버트 치알디니, 더글러스 켄릭, 스티븐 뉴버그(2020). 김아영 역, 사회심리학: 마음과 행동을 결정하는 사회적 상황의 힘, 웅진지식하우스.

매리언 울프(2019). 전병근 역, 다시, 책으로: 순간접속의 시대에 책을 읽는다는 것, 어크로스.

매슈 워커(2019). 이한음 역, 우리는 왜 잠을 자야 할까, 열린책들.

비 윌슨(2020). 김하현 역, 식사에 대한 생각, 어크로스.

조너선 하이트, 그레그 루키아노프(2019). 왕수민 역, 나쁜 교

육: 덜 너그러운 세대와 편협한 사회는 어떻게 만들어지는가, 프시케의숲.

최성애, 조벽, 존 가트맨(2020). 내 아이를 위한 감정코칭, 해냄.

Christopher Peterson, Martin Seligman(2004), Character Strengths and Virtues: A Handbook and Classification, Oxford University Press.

Steve R. Baumgardner, Marie K. Crothers(2009). 안신호 등 역, 긍정심리학, 시그마프레스.

日蓮大聖人御書全集, 한국SGI.

자녀의 인생 태도를 결정하는
아빠의 말공부

초판 1쇄 발행 2021년 4월 30일

지은이 천경호

발행인 송진아
편 집 정지현
디자인 권빛나
제 작 제이오
펴낸곳 푸른칠판
등 록 2018년 10월 10일(제2018-000038호)
팩 스 02-6455-5927
이메일 greenboard1@daum.net

ISBN 979-11-91638-00-4 03590